高等院校艺术设计专业规划教材

蓝先琳　主编

计算机辅助设计——Illustrator CS

郭晓暮　编著

中国轻工业出版社

图书在版编目（CIP）数据

计算机辅助设计：Illustrator CS / 郭晓暮编著. —北京：中国轻工业出版社，2012.4

高等院校艺术设计专业规划教材

ISBN 978-7-5019-8306-3

Ⅰ. ①计… Ⅱ. ①郭… Ⅲ. ①图形软件，Illustrator-高等学校-教材 Ⅳ. ①TP391.41

中国版本图书馆CIP数据核字（2012）第008641号

责任编辑：李　颖

策划编辑：李　颖　　责任终审：劳国强　　封面设计：锋尚设计

版式设计：锋尚设计　　责任校对：晋　洁　　责任监印：吴京一

出版发行：中国轻工业出版社（北京东长安街6号，邮编：100740）

印　　刷：北京画中画印刷有限公司

经　　销：各地新华书店

版　　次：2012年4月第1版第1次印刷

开　　本：889×1194　1/16　　印张：7

字　　数：300千字

书　　号：ISBN 978-7-5019-8306-3　　定价：36.00元

邮购电话：010-65241695　传真：65128352

发行电话：010-85119835　85119793　传真：85113293

网　　址：http://www.chlip.com.cn

Email：club@chlip.com.cn

如发现图书残缺请直接与我社邮购联系调换

110432J2X101ZBW

序

当前，中国的高等教育已进入大众化阶段，历经跨越式发展，教材需求与日俱增，教材市场欣欣向荣。在高等教育的专业设置中，艺术设计专业起步较晚，是个年轻的小字辈。近年来，随着文化创意产业的繁荣，艺术设计专业教材得以长足发展。艺术设计专业强调“艺术”与“创新”，编写有创见、有品质的专业教材却非易事。10年前我们和中国轻工业出版社合作，成功出版了一套高等教育艺术设计专业教材。10年之后的今天，教材市场风生水起。在竞争激烈、相对浮躁的大环境下，我们沉下心来重整旗鼓，准备打造一套高等教育艺术设计专业的精品教材，为培养高素质的创新人才添砖加瓦。

本套教材立足于21世纪的时代高度，努力适应社会发展和科技进步的需求，在创新教育理念指导下开展策划。教材总体以专业课程为依托，以教学的科目和进程为导向。为使选题规划落在实处，我们深入各地高校，了解专业设置、课程改革和教材建设情况。我们关注各校的办学理念和风格，在充分调研的基础上集思广益，形成教材编写思路。在反映学科和教改最新成果的同时，我们顾及大多数高校的教学现状，使书目体系更加合理、规范，使教材的内容和编写方法得到更多受众的认同。

改革创新是教育发展的强大动力，也是教材编写的基本出发点。本套教材适应创新型人才培养模式，改变单纯灌输的教学方法，注重学思结合，强调理论与实践并举。知识阐述和课题训练是本套教材的基本内容。知识阐述以教学规律为逻辑主线，围绕核心知识组建课程构架，通过系统、明确、精炼的推导，深入浅出地诠释知识及其专业内涵。课题训练以学习实践过程性知识为特征，课题设计围绕核心知识展开，将理论知识的原理、规则和方法转化成可操作的课题，以项目教学、案例教学等手段强化实践环节，通过探究式、讨论式和参与式的课题启发学生的创新思维，培养其专业实践能力。

本套教材努力遵循教育规律，体例上尽可能与教学进程相呼应，“单元教学提示”、“总结归纳”和“设计点评”等内容的设置，使教材更好用，更具实效。图稿是艺术设计类教材的重头戏，本套教材选用的图片新颖、精美、专业针对性强，不失为“好看”的教材。信息量大、资料性强是本套教材的另一特点，除丰富的文字内涵、可观的图片数量，还用光盘的形式扩大信息贮存量。从艺术设计教育的专业特性出发，我们为本套教材设计了相对宽泛的读者群，不仅针对普通高等教育艺术设计专业，还兼顾了高职高专的相关专业。同时，对于自学、培训等群体，本套教材也是不错的选择。

本套教材的作者均为高校教学一线的教师，其中不乏教授、专家，以及功力深厚的设计师。他们丰富的专业学识、教学经验和艺术实践功力，为本套教材奠定了专业的品质基础。两年多来，出版社的领导和编辑们以极大的热情关注本套教材的编写，他们的工作保证了本套教材的正常运行与发展。但愿我们共同打造的这套教材成为名副其实的精品，并获得广大读者的认同。

谨以此序鸣谢为本套教材辛勤付出的作者及编辑！鸣谢所有为我们提供帮助的院校领导及师生。

蓝先琳

2011年6月

课程综述

第一单元

基础教学篇

知识阐述

课题训练

目 录
contents

第二单元

设计应用篇

课程综述

一、图形图像软件与艺术设计

计算机辅助设计（Computer Aided Design）始于20世纪60年代，而膨胀性的高速发展与普及则是近二十年的事情。设计领域的图形图像软件可以从二维与三维、位图与矢量图、服务设计类别等不同角度着手划分阵营。常用软件可做以下分类：

- 位图软件：Photoshop、Painter等。
- 二维矢量软件：Illustrator、CorelDRAW、Flash、AutoCAD、Fireworks等。
- 三维矢量软件：3DsMax、Maya、Realflow、Zbrush 、SoftImage等。
- 版面设计软件：Indesign、方正飞腾、QuarkXPress、FrameMaker、Dreamweaver（网页版式）等。
- 影视后期软件：Houdini、After Effects、Shake、Nuke、Premiere等。

Illustrator，是最优秀的专业矢量绘图软件，与CorelDRAW在矢量图形设计领域可谓平分秋色，它是美国Adobe公司旗下的重拳产品之一，与Photoshop、Indesign、Flash、Dreamweaver、Fireworks、Acrobat、Bridge、Premiere等软件共同构成了Creative Suite（缩写为CS，译为“创意套件”），该套件是Adobe公司研发出品的一个集图形设计、影像编辑与网络开发为一体的超级软件产品套装。Illustrator作为CS的核心软件之一，为平面设计工作者、印刷出版从业者、专业插图画家、互联网页或在线内容的制作者提供了优越的矢量图形创作平台。

在软件学习的递进规律上，先学习Photoshop再学习Illustrator是比较理想的，因为在平面设计的创意工作流程中，经过Photoshop编辑处理过的位图经常要置入Illustrator中进行图形图像的综合处理及图文混排，另外在人机界面、热键等方面这两个软件有相似之处，先学Photoshop再学Illustrator会更轻松。

二、关于本教材的教与学

这本Illustrator教材是以案例分析与实践为编写模式，与很多倡导案例教学实则仍旧强调软件结构的教材相比，本教材确实实现了以案例教学为主导、打破软件结构、尽量模拟课堂教学的教材定位，是面向艺术设计专业的Illustrator教材。

本教材的结构分为“基础教学案例”和“设计应用案例”两大部分，根据软件教学规律和案例制作难度循序渐进地展开教学。工具、操控面板、菜单等功能、选项的讲解完全融合在案例中，学生在学习完本教材后对于软件结构与功能构成会有清晰的认知。

这本教材的另一特色是强调案例的专业设计分析，与设计基础课和专业设计课产生横向联系，把设计美学原理与案例制作绑定，让学生在学习软件的同时提前接触设计美学原理或者进一步强化学过的设计原理。

本教材可以配合Illustrator的课堂教学，也可以作为某些读者的自修教材，不管你怎样利用本教材，培养良好的图形分析与绘制能力以及掌握Illustrator软件的综合使用方法，是本教材的教学目的。希望这本书能为你今后不断学习攀升、达到精湛的Illustrator软件使用水平，铺平必不可少的基础之路。

特别提示：源于案例教学的特点，本教材不依循软件结构进行分块讲解，所以，如初学者面对第一单元某些案例知识点密集而略感吃劲时，请保持适当稳步的学习节奏，随着课程的深入，学习者会对该软件结构的理解、案例制作的思路与方法愈加明晰。建议下载Illustrator官方简体中文PDF帮助文件，以便随时查阅、辅助学习。

建议教学课时分配：第一单元60课时，其中课题训练为20课时；第二单元40课时。共计100课时，此建议仅供参考，具体安排还需根据学生基础及专业教学的总体课程分配。

本教材提供教学资源（下载地址：ftp://kejian@chlip.com.cn/jsjfzsj_ic.rar），其中收录了教材中教学案例涉及的素材以及课题训练的讲义与源文件，以方便学习者参考与使用。

第一单元

基础教学篇

课程目标

本单元的教学采用Illustrator重要工具与菜单命令、操控面板绑定结合的方法，通过精心筛选的教学案例完成该软件的基础教学。随着学习过程的深入，加深对该软件结构的理解，明确案例制作的思路与方法。

基础知识

从六个工具（形状、钢笔、极坐标网格、混合、渐变网格、符号）、两个操控面板（路径查找器、图层）、两个菜单功能（定义图案、剪切蒙版）入手，全面展开Illustrator的基础教学。

课题训练

配合本单元教学内容设定13个课题训练，训练目的在于强化巩固Illustrator基础教学。

知识阐述

★关于PC 与Mac对应热键的特别提示：

本教材所有热键操作提示以PC机为准，使用苹果机的读者请参照下图提示进行相应热键替换即可。

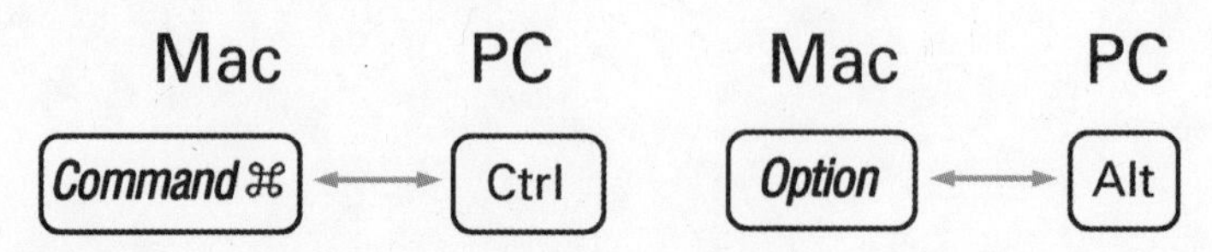

★关于CS 3版本起新增的“隔离模式”

用“选择工具（黑箭头）”连续双击画面中的任何一个编组对象，即可令该群组进入即时编辑状态，此时，文档窗口的左上角会出现一个灰色的左向箭头。你可以进而点选这个群组中的任何一个图形对象进行编辑（而无需解除它们的编组状态），而画面中这个群组之外的其他对象则呈现为浅色不可选择与编辑的状态。当你编辑完成需要退出“隔离模式”（或者因误操作而导致误入“隔离模式”需要退出它）时，点击窗口左上角的灰箭头即可（或者在鼠标右键菜单中执行“退出隔离的组”）。

1.1 形状工具——缺一不可的几何图形工具

矩形与圆角矩形、椭圆形、多边形、星形是Illustrator提供的四种基础造型工具，这四种形状看似简单，但利用它们足以创造复杂多变的图形对象。把它们与钢笔工具充分配合起来，可以实现你关于矢量图形造型的所有设想。

1.1.1 三个交通标识

本案例（如图1–1）来源于交通法规培训教材，涉及椭圆、多边形、矩形及圆角矩形工具的使用方法以及热键[Shift]之功用，还包括设定渐变色、对齐对象、排列对象、编组对象、录入文字的操作。

1.1.1.1 绘制“禁停标识”

步骤一 点击“文件”菜单中的第一个选项“新建”（如图1–2），或者执

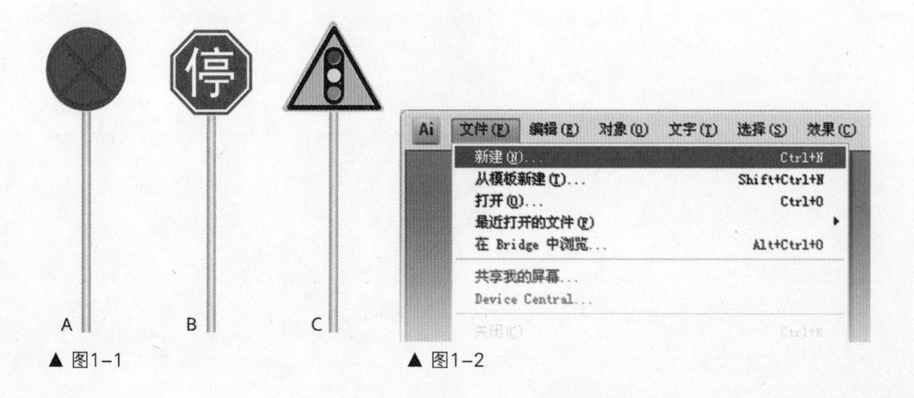

▲ 图1–1

▲ 图1–2

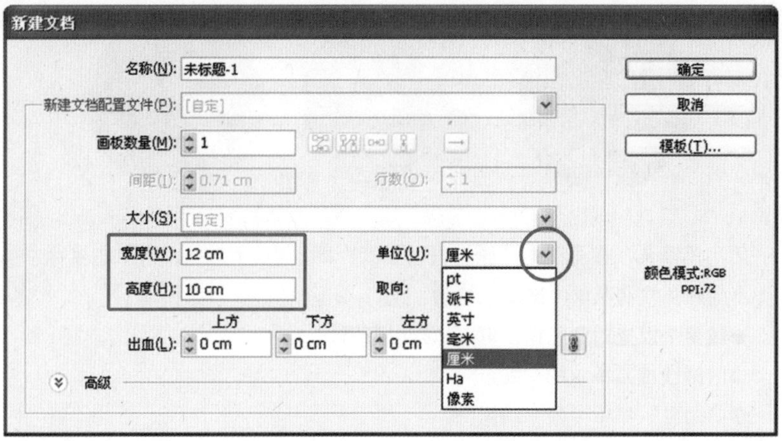

▲ 图1-3

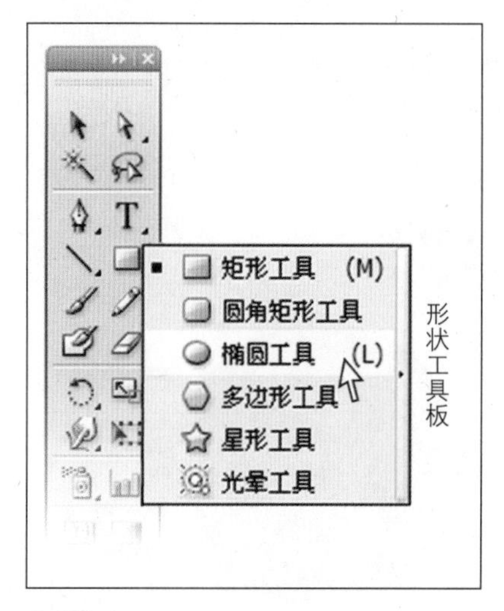

▲ 图1-4

▼ 图1-5

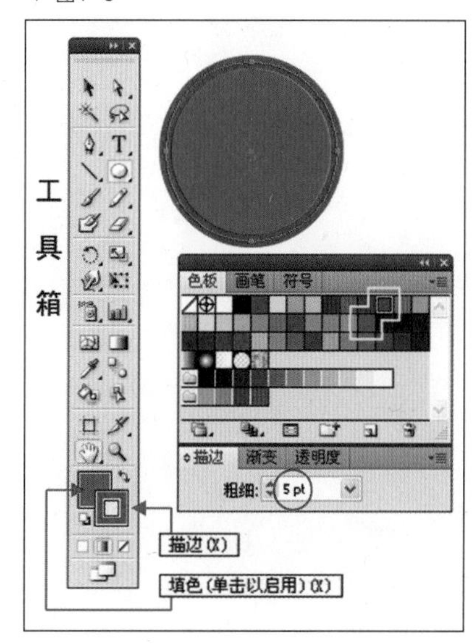

行热键[Ctrl+N]（菜单指令如有热键，会标注在该指令选项后）。在弹出的“新建文档”对话框中，参照图1-3进行参数设定，单位选择“厘米”，宽12cm，高10cm，按“确定”按钮（或者按回车键[Enter]）。

步骤二　用鼠标左键持续按住“工具箱”中的“矩形工具”别松开，会弹出其附属的隐藏工具，选择其中的“椭圆工具”（图1-4）。用椭圆工具画正圆，须用[Shift]键配合。

◆[Shift]键控制：绘制正方、正圆。

◆[Alt+Shift]键控制：原地放射状地绘制正方、正圆。

为画出的正圆设定颜色，在“工具箱”下方的设色区，单击“填色”，在“色板”面板中选择蓝色；再单击“描边”，在“色板”中选择红色，并在“描边”面板中设定其粗细参数（图1-5）。

步骤三　在工具箱中选择“线段工具”，把十字光标对准正圆的圆心，左手按住热键[Alt+Shift]，右手按住鼠标拖动，画出45°倾斜、长度至圆周的线段（图1-6），注意生成线段前要先松开鼠标、后松开热键。

接下来，原地复制出一根刚才画出的倾斜线段，执行“编辑”菜单/“复制”（热键[Ctrl+C]），之后再执行“贴在前面”（热键[Ctrl+F]），见图1-7。

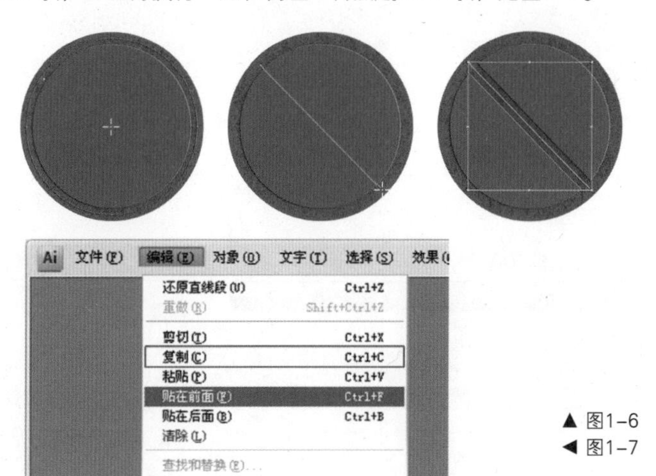

▲ 图1-6

◀ 图1-7

换“选择工具（黑箭头）”，把光标放在倾斜线段的蓝色定界框的右下角外，如图1-8，当光标变为↻状态时，配合热键[Shift]，按住鼠标顺时针转动90°，释放鼠标、热键。

► 图1–8
▼ 图1–9

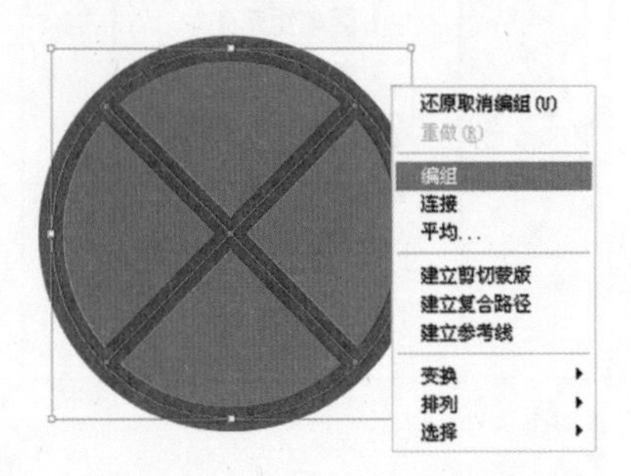

用“黑箭头”在画面中，画框框选正圆，即选中3个对象，再点击鼠标右键，在弹出的对象快捷菜单中选择“编组”(图1–9)。

◆给两个以上对象编组，可以执行以下操作：

◎右键快捷菜单中的“编组”;

◎“对象”菜单中的“编组”;

◎执行热键[Ctrl+G]。

◆[Shift]键是控制对象45°(递进)旋转的热键。

◆通常热键配合鼠标工作时，确定操作前，要先松开鼠标，后松开热键。

◆切记，在操作过程中，如果出现失误，请及时用热键[Ctrl+Z]取消上一步误操作，然后重新尝试。如连续多步失误，可反复按[Ctrl+Z]，依次倒退，取消之前的一步步操作。

◆ ——选择工具，用于选择图形对象。在本教材中简称为“黑箭头”;

◆ ——直接选择工具，用于单独选取图形的局部路径、锚点。在本教材中简称为“白箭头”。另有个带加号的“编组选择工具 ”，它隐藏在“白箭头”的工具板中。记住，本书中简称的“白箭头”工具并不包括它。

步骤四 在工具箱中选择“矩形工具”，在圆牌下方画长方形的立杆，如图1–10所示，立杆的颜色设定为渐变填充、不描边。

通过“颜色”和“渐变”面板编辑渐变效果。首先，把“颜色”面板的菜单点击出来，选择“显示选项”(图1–11)，再参照图1–12，分别选择“渐变”面板中的三个渐变滑块(中间的滑块需要自行添加)，在“颜色”面板调整它们的黑色(K)的百分比滑标。

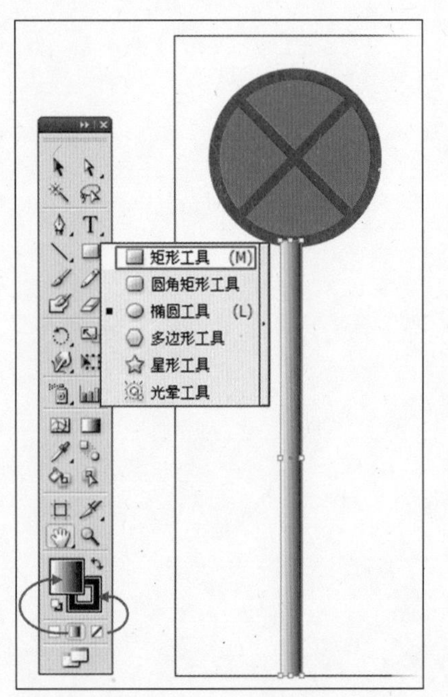

◄ 图1–10
▼ 图1–11

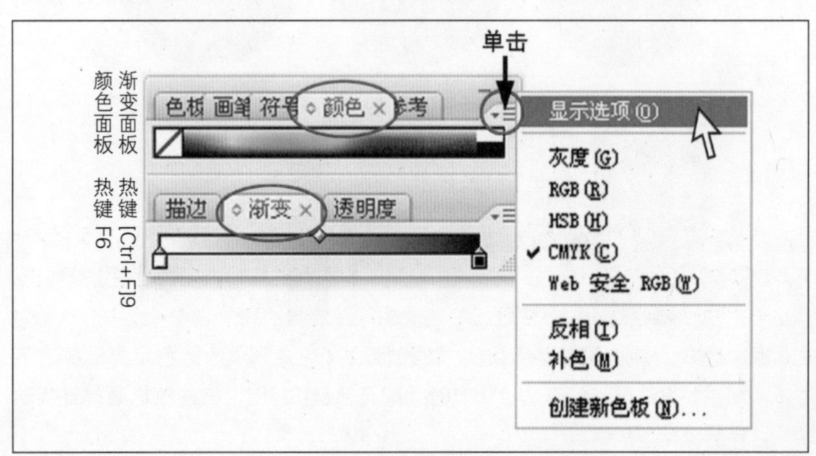

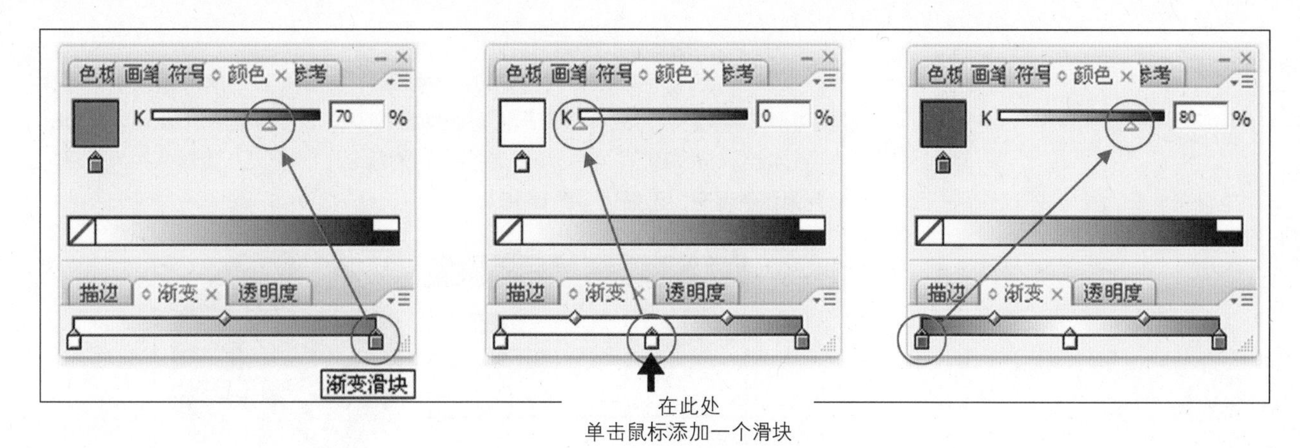

▲ 图1-12

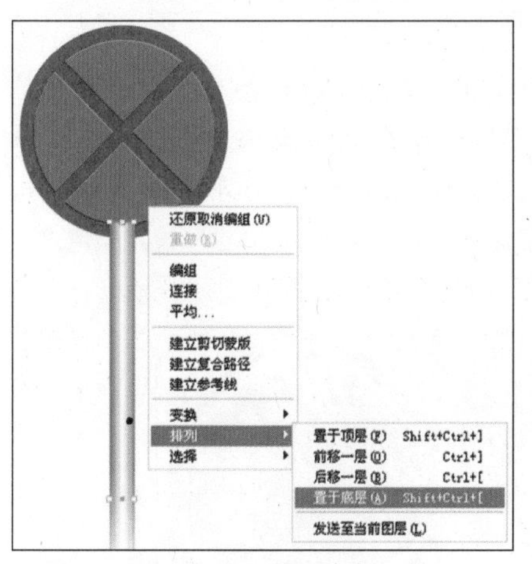

▲ 图1-13

▲ 图1-14

步骤五 “黑箭头”选中立杆，单击鼠标右键，在弹出的快捷菜单中，选择“排列/置于底层”（图1-13），立杆即被压盖于圆牌下面了。最后，再用“黑箭头”画框选中圆牌与立杆，执行热键[Shift+F8]激活“变换”面板，在其中的“对齐”选项板中执行“水平居中对齐”（图1-14），再为整个标志牌“编组”。

◆对两个以上选中的对象执行“对齐”的途径：

◎激活“窗口”菜单的“控制”选项，在“菜单栏”下方出现的“控制栏”中选择对齐方式（图1-15）。

控制栏

▲ 图1-15

◎激活“窗口”菜单中的“变换”面板（热键[Shift+F8]）。“变换”面板集合了“变换/对齐/路径查找器”三个选项板，激活它即可在三个选项板之间切换使用。

◆在软件使用过程中，如果出现热键执行无效的状况，请检查当下是否为中文录入法状态，有些热键需要取消中文录入才能正常使用。

1.1.1.2 绘制“停车标识”

步骤一 用鼠标按住工具箱中的“矩形工具”，在弹出的隐藏工具中，选择“多边形工具”。用鼠标单击画面，在弹出的多边形对话框中，设定边数为8、半径1.4cm。按“确定”按钮（或者按回车键[Enter]），生成八边形，并为之设定颜色为红色填充、无描边（图1–16）。

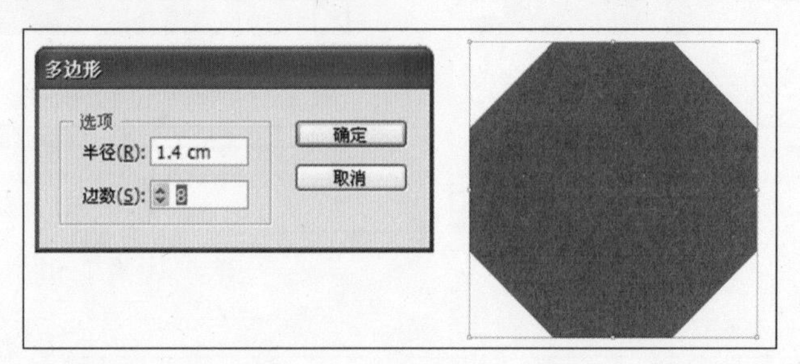

▲ 图1–16

步骤二 换“黑箭头”工具，执行热键[Ctrl+C]（复制）、[Ctrl+F]（贴在前面）。把光标对准八边形的蓝色定界框的右下角的角点上，当光标变为状态时，左手按住[Alt+Shift]键，右手按住鼠标向上拖动，原地、原比例缩小刚复制粘贴出的八边形至如图1–17示范的大小时，释放鼠标、热键。给缩小的八边形设定颜色为不填色、白色描边，描边粗细为2 pt。

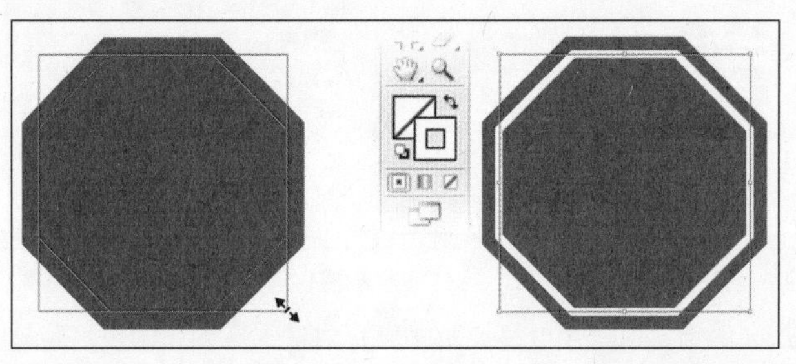

▲ 图1–17

步骤三 选择“文本工具”，用光标单击画面，出现闪烁的文本插入光标后，录入中文“停”字，再换取“黑箭头”工具（即确认了文字录入），在“控制栏”中为“停”字设定字体（黑体）、字号（图1–18）。

▶ 图1–18
▼ 图1–19

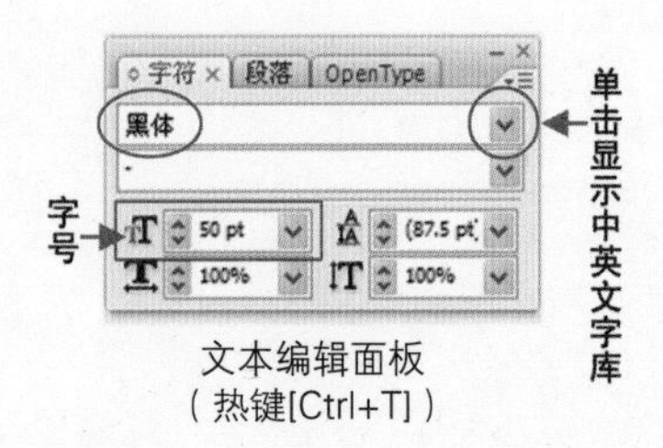

文本编辑面板
（热键[Ctrl+T]）

◆设定字体字号的其他途径（图1–19）：

◎通过“文字”菜单中的“字体”、“大小”两个选项。

◎通过“字符”面板（热键[Ctrl+T]激活）。

◎字号可用[Shift]键配合“黑箭头”进行原比例放大或者缩小。

步骤四 在“停”字被选中的前提下，单击鼠标右键在快捷菜单中选择“创建轮廓”，此时，你会发现“停”字的笔划轮廓已被路径锚点包裹（图1–20），经创建轮廓的文字将不可再更换字体，因为它已经从文本属性转换为图形属性了。把“停”对象移至红色八边形中，再为其换填色为白色。

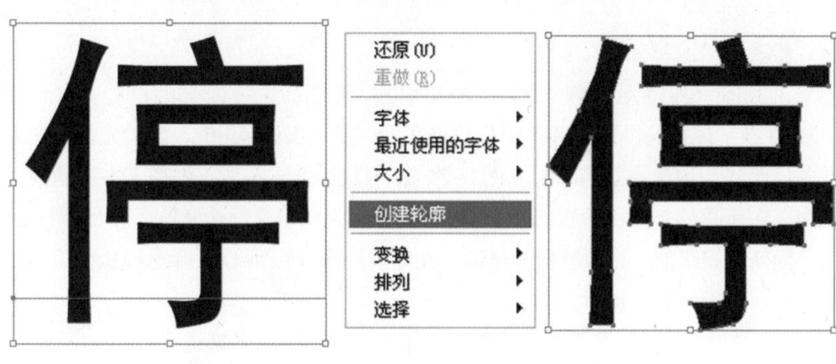

◀ 图1-20

步骤五 绘制标志立杆，做法与“禁停”标志相同。

1.1.1.3 绘制“注意信号灯”标识

步骤一 用“多边形工具”单击画面，在弹出的对话框中设定边数为3、半径1.5cm，按“确定”后，画板中生成了一个正三角形。在“色板”中挑选黄色填充它，再用相同的黄色描边，在“描边”中设定粗细为10 pt，参照图1-21，点击显示出描边面板的隐藏选项，选择“圆角连接”，使三角形的描边由尖角转变为圆角。

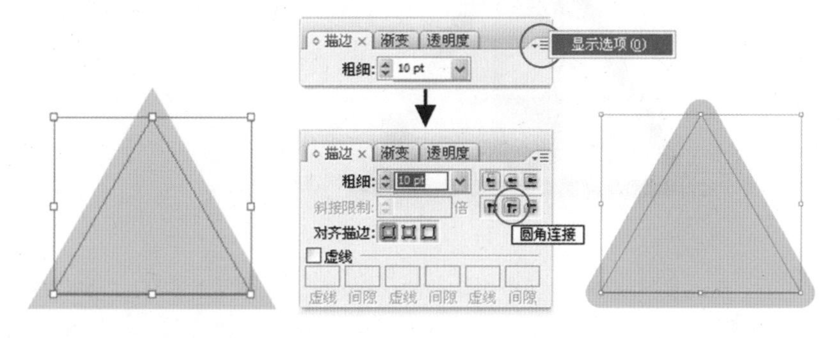

◀ 图1-21

步骤二 执行热键[Ctrl+C]、[Ctrl+F]原地复制出圆角三角形后，设定颜色为不填色、描黑边，描边粗细为4 pt（图1-22）。特别提示：这个黑边三角形还可以通过“对象”菜单中的“偏移路径”来完成，“偏移路径”在1.2.3教学案例中讲授。

◆通过键盘操控描边的粗细：

用光标点击“描边”面板中的粗细参数选项栏，当数字呈蓝底白字状态时，点击键盘上的上方向键（Pg Up）、下方向键（Pg Dn）可提高、降低参数。注：各面板和对话框中的参数或者选项列表，皆可通过方向键进行上下滚动选择或者递增递减参数。

◆通过键盘放大、缩小、移动画面：

放大镜的热键 [Ctrl+加号]（反复点按可逐级放大画面）

缩小镜的热键 [Ctrl+减号]（反复点按可逐级缩小画面）

◆抓手工具

“抓手工具”是移动画面范围的工具，它有两个热键：[H]和空格。按[H]键直接更换为“抓手工具”，按空格键可在使用其他任何工具的状态下临时切换为“抓手工具”，此热键功能非常实用，尤其在局部放大画面的作图状态中，空格键可以随时协助你移动画面范围，而无需真正更换到“抓手工具”。此热键利用率高，需熟练掌握。

步骤三 绘制三角牌中的形如创可贴的黑色图形。在“形状工具”中选择“圆角矩形工具”，按住鼠标在画面中拖动的同时，另一手连续点击上方向键或者下方向键，可改变矩形的圆角弧度，当弧度合适时，释放鼠标，生成对象（图1-23）。

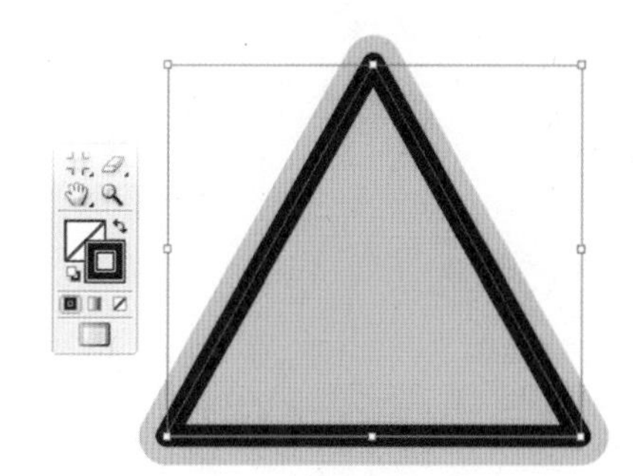
▲ 图1-22

▲ 图1-23

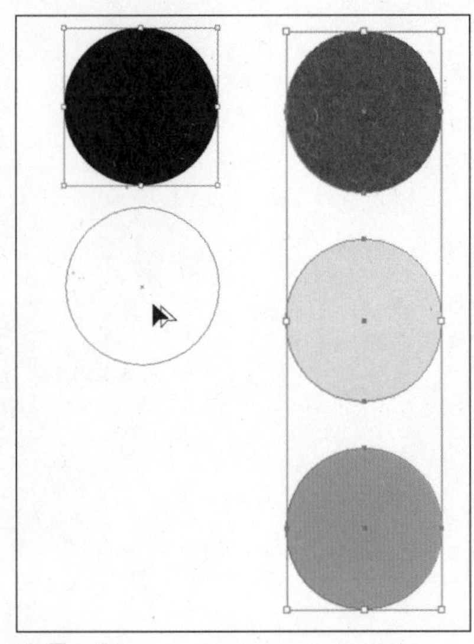

▲ 图1-24

步骤四　绘制三色信号灯。

① 用[Shift]键配合“椭圆工具”画出第一个正圆。

② 换“黑箭头”工具并把光标对准正圆，左手按住[Alt]键，此时光标会变为准备接受复制的黑白双箭头（图1-24），用鼠标点击按住正圆往下方拖动的过程中，左手再追加按住热键[Shift]，能垂直移动复制出又一个正圆，在如图1-24所示的两圆间距处，释放鼠标、热键。立即执行热键[Crtl+D]，会自动执行上一步的操作，生成第三个圆形。

③ 分别给3个圆设定颜色，黑箭头框选中3个圆形后，“编组”。

④ 把已编组的三个圆形移至三角牌内的圆角矩形中，如果大小失当可进行缩放调整（注意要用[Shift]键保持原比例缩放）。按住[Shift]键，用“黑箭头”分别点击三圆组合和黑色圆角矩形，即选中这两部分对象，再执行“对齐”选项板中“水平居中对齐”和“垂直居中对齐”。

▲ 图1-25

⑤“黑箭头”画框选中这个三角牌的所有对象，执行“对齐”/“水平居中对齐”（图1-25）。

步骤五　绘制标志牌立杆。也可以把前两个标牌的立杆复制过来一个，当然还需要对齐对象。完成的练习可以用Illustrator的专用格式（AI）存储起来，点击“文件”菜单的“存储”，在存储对话框中自定义文件名称并选择文件保存类型。

◆[Ctrl+D]热键的功用：对图形对象进行任何缩放、移动、旋转、镜像（反射）操作后，只要没有取消对图形对象的选择（被选中的对象有蓝色定界框），都可以按[Ctrl+D]重复上一步的操作，如果上一步操作有复制动作的话，则可以通过执行N次[Ctrl+D]来连续生成该对象的N个副本。

1.1.2 几何人队列方阵

从平面构成的角度看，图1-26的几何人队列是基于重复构成与渐变构成的原理生成的，从软件教学的角度，此练习则综合使用了形状工具、自由变换工具、镜像工具、魔棒工具以及整体渐变色的设定。

步骤一　按[Ctrl+N]新建画板，宽14cm，高10cm。首先我们要绘制出一个单独的人形对象。

① 在工具箱的设色区设定填色为黑色、无描边。绘制如图1-27左图所示的一个正圆、两个矩形、两个圆角矩形，共5个对象。

② 用“黑箭头”把代表胳膊的圆角矩形移至代表肩膀的矩形旁，并与之上方水平边界对齐。把腿移至躯干并对齐两者一侧垂直的边界。再分别水平移动复制出另一边的胳膊、腿。（注意：热键操控水平或垂直移动复制对象的要点是——按

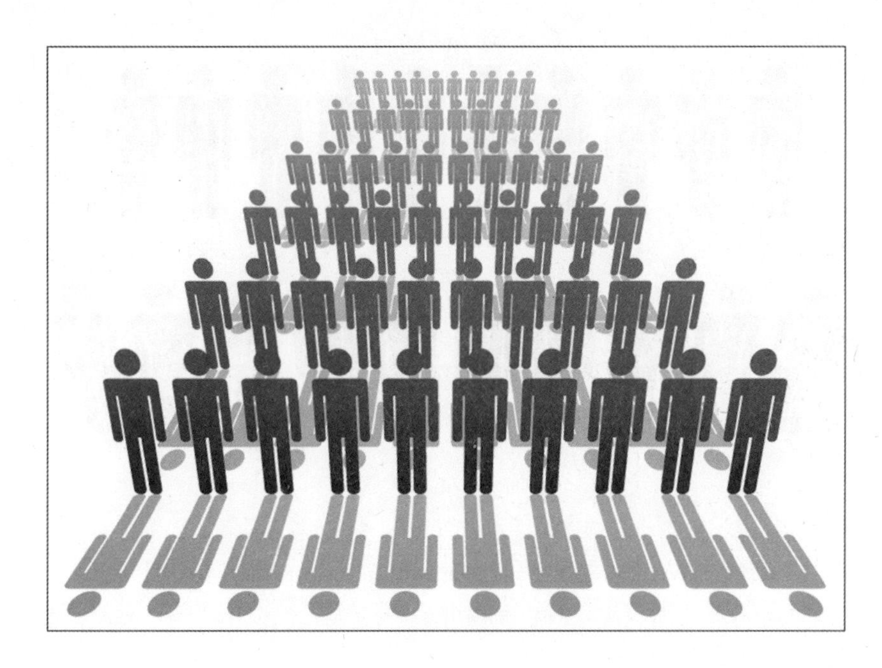

◀ 图1-26
▼ 图1-27

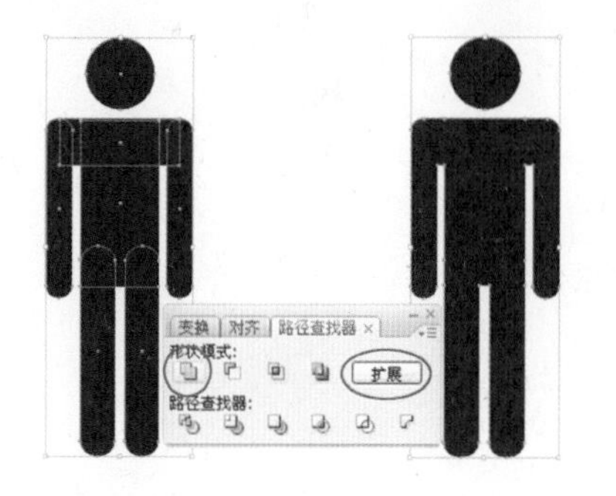

▲ 图1-28
▼ 图1-29

住[Alt]键配合“黑箭头”拖动对象的过程中追加[Shift])。

③ [Shift]键配合“黑箭头”分别点击加选两只胳膊后，进行“编组”。再用同样的方法对两条腿进行“编组”。

④ 选中组成人形的7个对象，在“变换”面板（[Shift+F8]激活/隐藏）中执行“对齐”/“水平居中对齐”，再执行“路径查找器”选项板中的“相加”、“扩展”。现在，7个对象被合并为一，且人形路径被优化整合为最精简的状态了（图1-28）。

步骤二　把单个人形进行适当的原比例缩放后，放置在画板内左边偏下的位置，再用[Alt]追加[Shift]键平移复制出一个，紧接着执行8次[Ctrl+D]，生成8个等间距人形。把这一行10个人形“编组”，鼠标右键单击出的快捷菜单中如没“编组”选项，就通过热键[Ctrl+G] 或者“对象”菜单操作（图1-29）。

步骤三　选择“自由变换工具”对这行人进行上大下小的透视变形。

操作要点：光标对准这排人蓝色定界框的右上角角点，先按下鼠标左键别松手，再用左手按住[Ctrl+Alt+Shift]热键组，向右平移拖动鼠标，如图1-30，蓝色路径显示出透视效果，先释放鼠标、后释放热键。

现在缩低这排人的高度，用“自由变换工具”、“黑箭头”都可以，只要把光标对准蓝色定界框的上边框的中间点，当光标变为上下双向黑箭头时，按住鼠标垂直往下方移动，稍许降低高度后，释放鼠标（图1-31）。

▲ 图1-30

▲ 图1-31

步骤四 持续按住“旋转工具”，会弹出隐藏的“镜像工具”，选用“镜像工具”来复制出这排人的投影。注意：先按住[Alt]键，再把光标随便对准任何一个小人的脚部路径边界，单击鼠标，即弹出镜像对话框，选择“轴”为“水平”，按“复制”按钮，见图1-32。

步骤五 适当缩小这组投影对象的高度，再启用“自由变换工具”调整加大投影对象的上小下大的梯形透视效果。之后，给投影对象填灰色，并对“人”和“影”两组对象进行“编组”。见图1-33、图1-34。

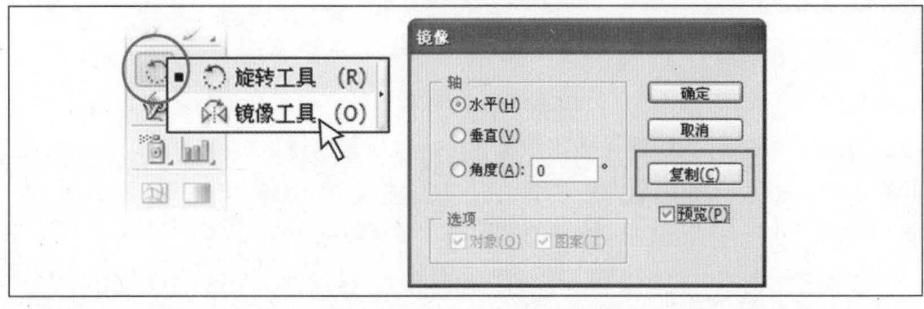

▲ 图1-32

▶ 图1-33

▶ 图1-34

步骤六　为了保障队列方阵整体透视效果的准确好看，现在需要画一条控制透视效果的参考线，我们用“线段工具”绘制一根倾斜的红线（图1-35）。

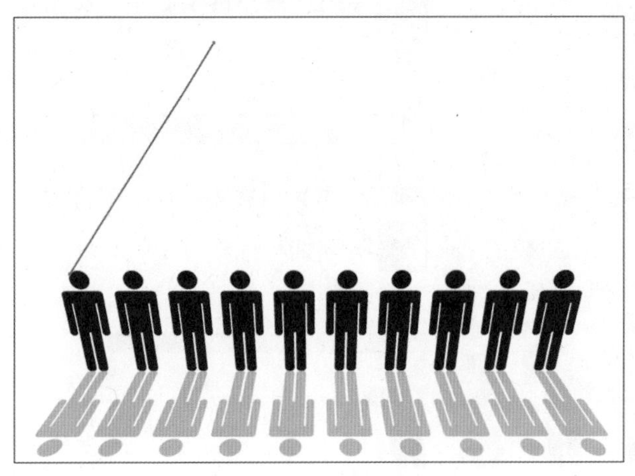

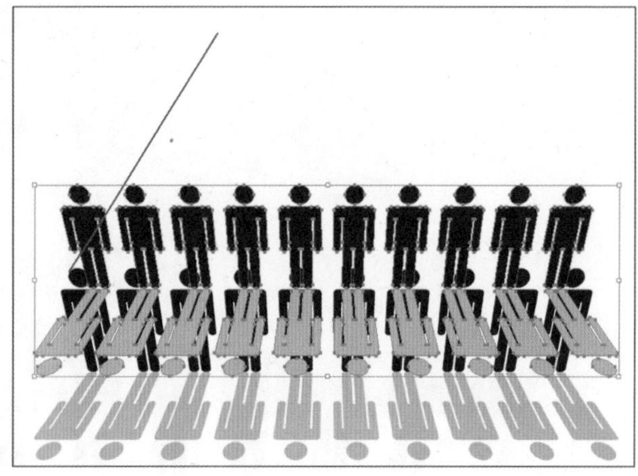

▲ 图1-35

步骤七　“黑箭头”选中人和影，[Alt]追加[Shift]键向上移动复制出第二排人和影，并在鼠标右键菜单中选择“排列/置于底层”，再配合[Alt+Shift]键原地原比例缩小第二排，以左边第一个人形头部缩靠在红线旁为准。

步骤八　重复上一步操作，相继复制出并适当缩小后4排人和影后，删除红线段，用黑箭头选中它，按键盘上的[Delete]键（图1-36）。

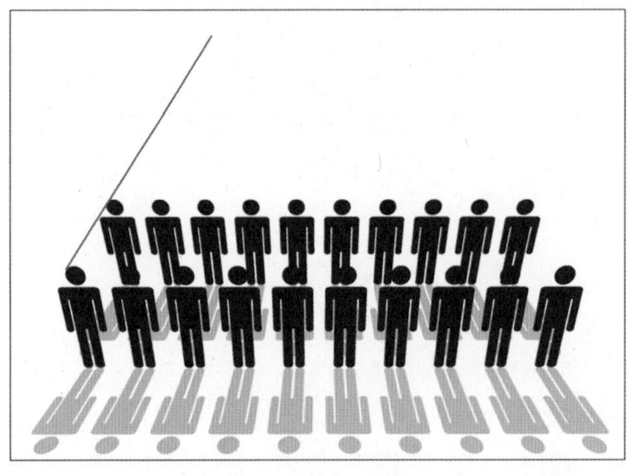

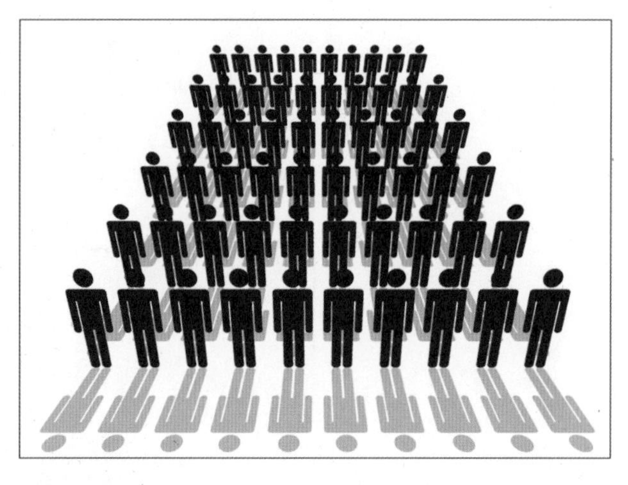

▲ 图1-36

步骤九　现在要为6排人形对象设定渐变色，但针对已经各自编组的6排人和影，“黑箭头”是无法只单独选中6排黑色人形的，而通过“取消编组”再分别加选这6排人又太麻烦，好在Illustrator给我们提供了根据颜色选取对象的“魔棒工具”，用它单击任何一个黑色人形，即可选中这6排人，而灰色的投影则不会被选中。

在设定渐变色之前，我们先在“视图”菜单中选择“隐藏边缘”（热键[Ctrl+H]），把6排人的蓝色路径边缘隐藏起来，这样我们在编辑渐变色时，能清晰地观察到编辑过程中的色彩变化。现在在工具箱下方设色区设定“填色”为渐变模式，你会观察到渐变不是6排人形整体填充，而是以每一人形为单位分别填充

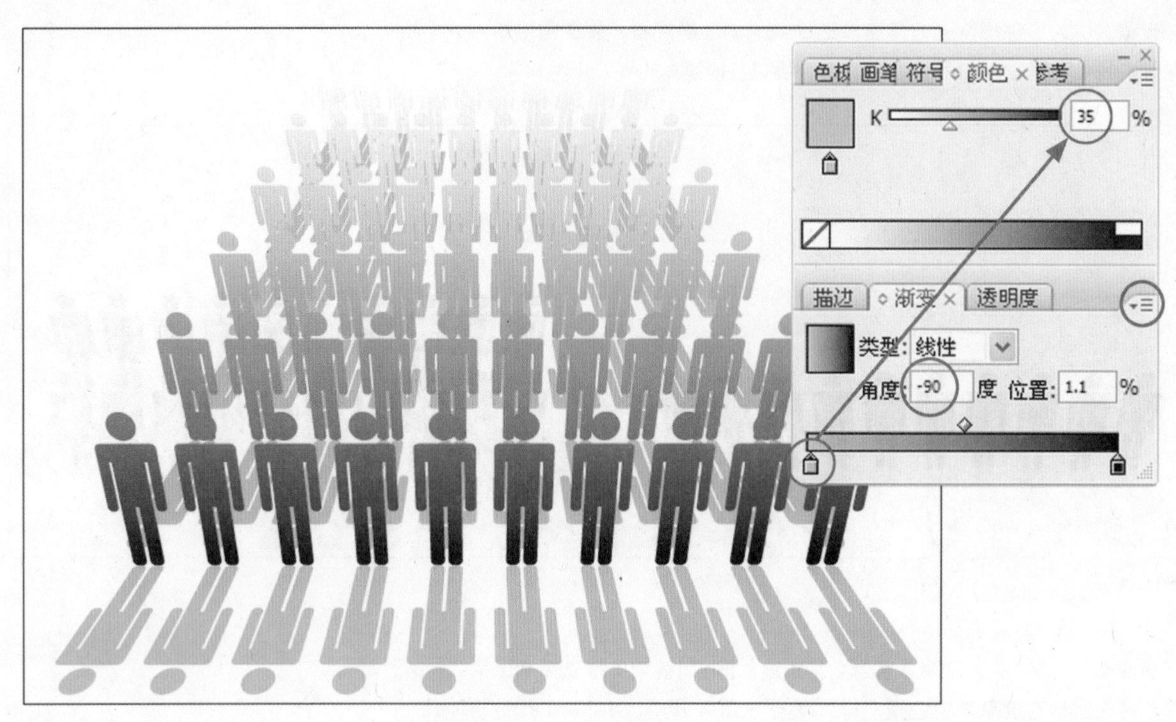

▲ 图1-37

的。解决这个问题，只需在“路径查找器”中执行“相加”即可。然后再如图1-37所示在“渐变”、“颜色”选项板中设定参数。

别忘记用热键[Ctrl+H]将隐藏的路径边缘再显现出来。

步骤十　给6行影子做渐变，方法同上一步。魔棒点选影子，渐变色填充，“相加”合并后，影子会自动排列到上面（如图1-38），压盖住6排人，需要给它们执行右键菜单“排列/置于底层”，最后，在“渐变”和“颜色”选项板中设定参数（如图1-39）。

► 图1-38

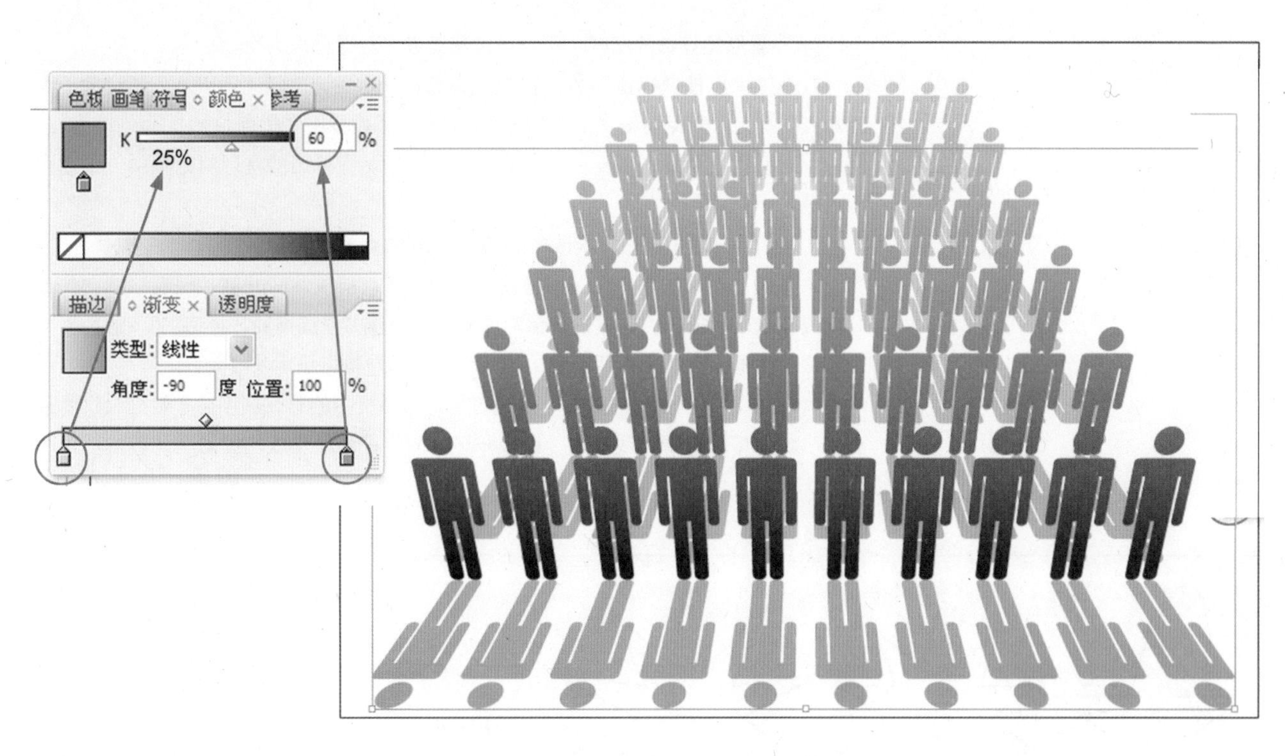

▲ 图1-39

1.1.3 星形工具小实践

星形工具拥有多变的可塑性，本练习的目的在于让大家了解星形工具的可塑可变之处。

新建A4或B5的画板文档。在形状工具板中选择“星形工具”，如图1-40所示，依次绘制出星形的不同变化。

① 用星形工具配合[Shift]键，可画出端正的星形对象。可以自行尝试一下如果没有[Shift]键帮助会画出怎样的星星。

② 配合[Alt+Shift]键，可以画出端正且平肩的五星。

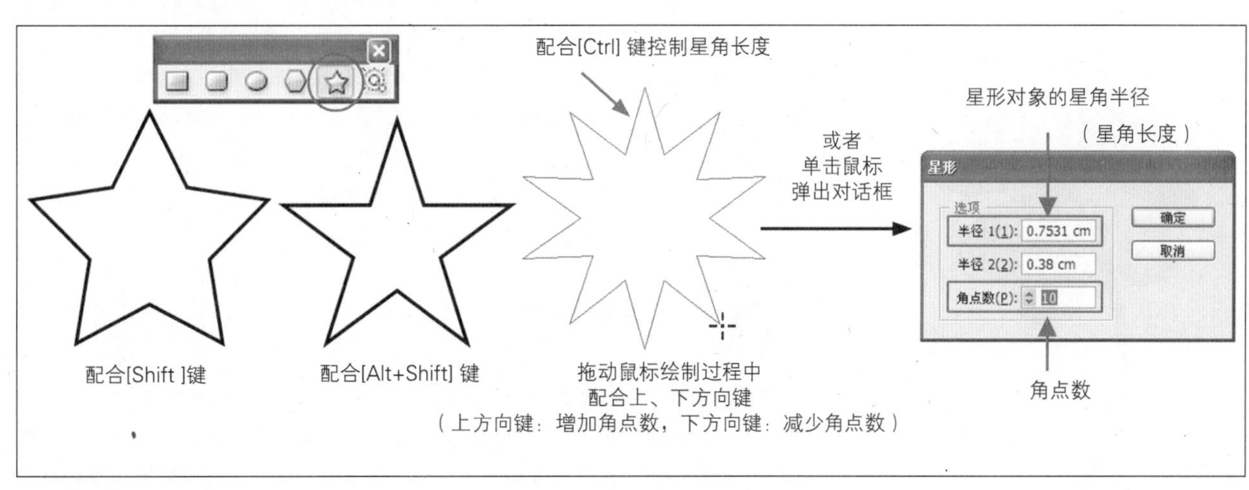

▲ 图1-40

③ 星形角点数的增减，可以通过热键或者对话框来实现。

热键：点按鼠标拖动的过程中，每点击一次上方向键（Pg Up）即增加一个角点；反之，每点击一次下方向键（Pg Dn）即减少一个角点。

对话框：用星形工具的十字光标单击画面，在弹出的星形对话框中，设定角点数。

④ 星角长度的改变，可以通过热键或者对话框来实现。

热键：点按住鼠标在画面拖动，不能松手，再按住[Ctrl]键，随着鼠标向外或向内拖动，星角长度会发生变化。注意：要先按住鼠标拖动，再追加[Ctrl]键。

对话框：在星形对话框中的第一项半径参数框中设定长度。

⑤ 星形内核面积的改变，是通过星形对话框中的第二项半径参数框设定半径大小。你可以自行实践一番，比较一下不同半径值所生成的星形有何差异。见图1-41。

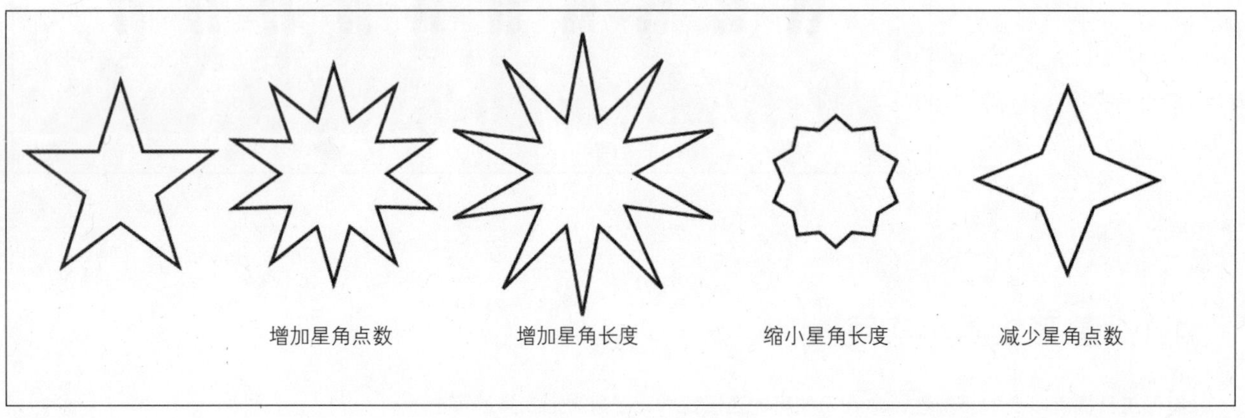

▲ 图1-41

1.2 贝塞尔曲线——矢量图形的造型利器

钢笔工具即贝塞尔曲线工具，贝塞尔（Bézier）曲线是应用于二维图形应用程序的数学曲线，是矢量图形软件的基本造型工具。它通过生成相连的锚点及调整锚点的手柄来绘制图形对象，调整手柄会产生有趣的曲线“皮筋效应”，这是贝塞尔曲线重要的特点。法国数学家Pierre Bézier首先研究了这种矢量绘制曲线的方法，因此该矢量曲线得以他的姓氏来命名。在一些成熟的位图软件，如PhotoShop中也有贝塞尔曲线工具。但只有在Illustrator、CorelDRAW等矢量图形软件中，贝塞尔曲线才能绘制出真正意义上的矢量图形，它能经受无限的放大而仍然保持清晰锋利的图形边缘，这是位图软件所不具备的。

1.2.1 小小四叶草

▲ 图1-42

自然界中很多植物都体现出发射构成的美感，图1-42所示的这株小小四叶草正是如此，在本单元中，它是我们初探钢笔工具的引路石，通过它我们要讲授直线锚点、曲线锚点及其控制手柄等贝塞尔曲线的重要概念，以及钢笔绘图的基本技巧。

步骤一　按[Ctrl+N]键新建10cmX10cm的画板。选择“钢笔工具”，准备画

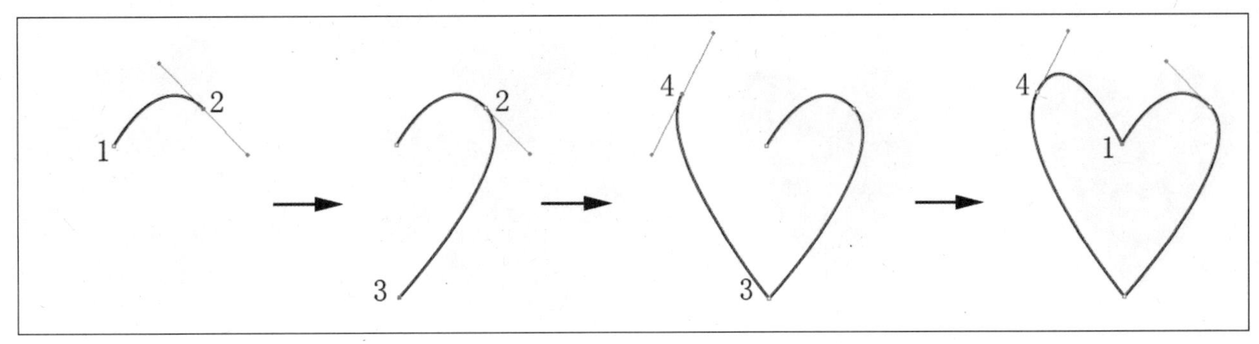

▲ 图1-43

第一片叶子之前，在工具箱下方的设色区取消填色，设定描边为黑色。

如图1-43所示，按从1至4的位置，顺时针绘制：

① 单击鼠标左键生成“锚点1”。

② 在2的位置点按住鼠标拖动，生成“锚点2”，注意：两端蓝色手柄的方向长度以示范图为参照。

③ 在3的位置单击鼠标生成“锚点3”。

④ 在4的位置点按住鼠标拖动，生成“锚点4”。

⑤ 回到起点对准“锚点1”，当钢笔光标旁出现小圆圈时，点击“锚点1”，封闭图形。

注意，用钢笔绘制的过程中出现误操作或者不满意上一步时，可用热键[Ctrl+Z]随时取消上一步，然后接着继续绘制。

◆调整锚点曲度时，选用“白箭头”工具，点击选中一个曲线锚点，会显示其附带的手柄。如图1-44所示，用鼠标准确点按住一个手柄并拖动，即可看见能预示出曲度变化的蓝色路径，释放鼠标即可实现曲度的调整。

◆调整锚点位置时，用白箭头点按住任一锚点移动鼠标即可，或者选中锚点，用键盘上的四个方向键控制其移动。

步骤二　继续用钢笔绘制出第二片叶子（图1-45），再换“黑箭头”，置光标于蓝色定界框的右下角外，当光标变为状态时，按住鼠标顺时针旋转叶子，释放鼠标完成旋转（图1-46）。

步骤三　相继绘制好第3片、第4片叶子后，分别旋转合适的角度，并如图1-47所示，呈向心状把4片叶子对在一起。再分别点击4片叶子，为它们填充不同的绿色，（颜色可直接在“色板”中挑选）。之后，用“黑箭头”在画面中划框选中全部4片叶子，进行“编组”。可对编组后的四叶草进行适当的旋转。

步骤四　准备绘制茎秆前，先用“黑箭头”在画面空白处点击一下，取消对任何对象的选取状态，工具箱下方再次设定“不填色、描黑边”。

现在，开始用钢笔绘制茎秆，可参照图1-48所示的顺序生成锚点。

锚点与手柄

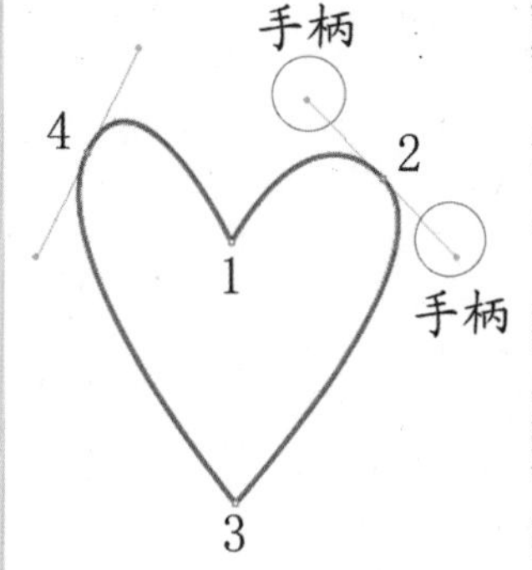

钢笔工具是通过生成锚点来绘制图形的。

单击鼠标生成的锚点1和锚点3是直线锚点。

点拖鼠标生成的锚点2和锚点4是曲线锚点，其附带形似天线般的手柄，可以调整控制路径的曲度。锚点2和4都附带双向控制手柄。

▲ 图1-44

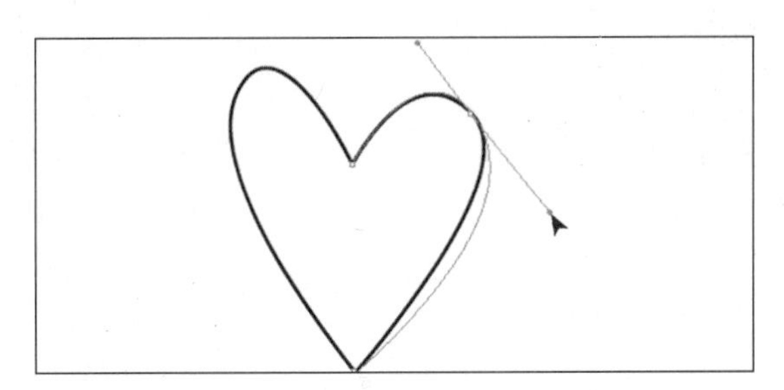

▲ 图1-45

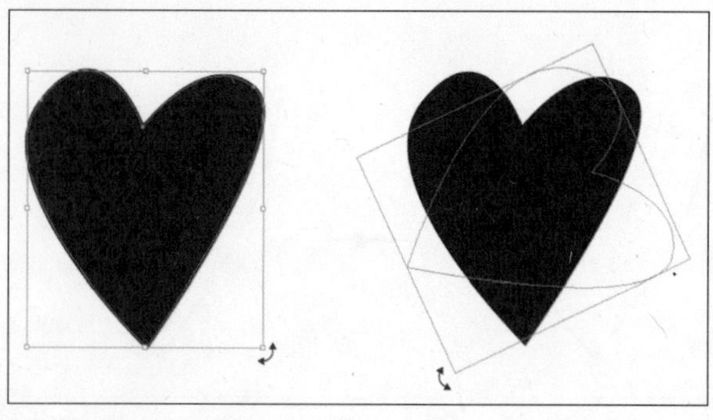

▲ 图1-46

▲ 图1-47

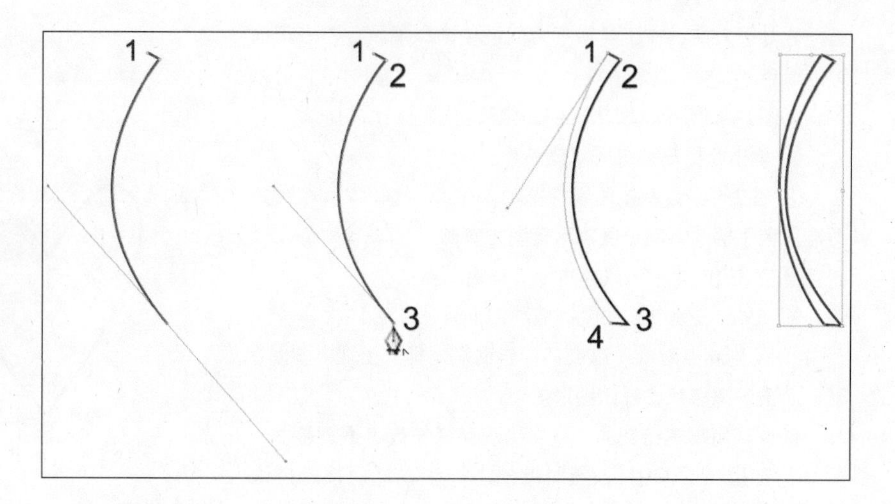

▶ 图1-48

① “锚点1”和“锚点2”都是单击鼠标生成的直线锚点。

② 在3的位置，点按鼠标拖动，生成带双向手柄的曲线“锚点3”后，把光标再挪回去，对准“锚点3”，当钢笔旁出现转换标志时，单击鼠标左键，即可减去一侧的手柄。

③ 在4的位置，单击鼠标生成直线属性的“锚点4”。

④ 回到起始处“锚点1”，钢笔光标旁出现小圆圈提示封合时，按住鼠标并向右上方拖动，使“锚点1”出现单向手柄，释放鼠标生成图形。

最后可使用“白箭头”分别选取需要调整的锚点，改变它们的曲度或者位置。

步骤五 换“黑箭头”，给茎秆填色后把它移至四叶草处，执行鼠标右键菜单“排列/置于底层”。最后，可框选整枝四叶草进行“编组”。

◆何时需要减去单向手柄?

钢笔绘制图形的过程中，当路径需要产生生硬的转折时，可以通过给转折点处的曲线锚点减去外方向的手柄来实现，例如四叶草茎秆的锚点3~4之间的生硬转折，锚点3正是处于转折点处的曲线锚点。

如果四叶草茎秆的绘制不依靠减除单向手柄的方法，还可以参照图1-49绘制。

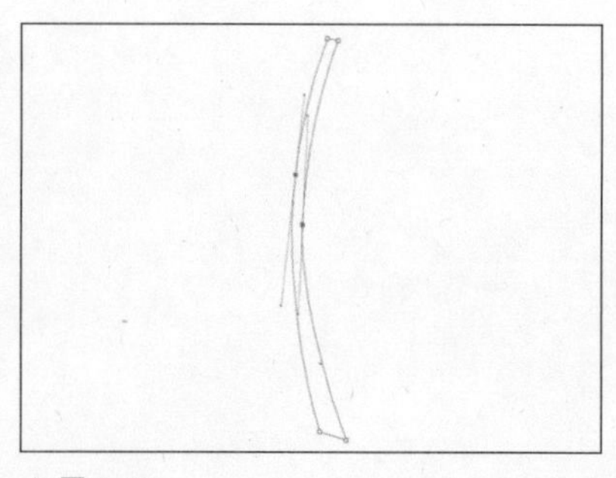

▲ 图1-49

茎秆腰部的两个锚点为曲线锚点，其他四个锚点为直线锚点，整个茎秆总计六个锚点。大家发现“减去单向手柄”这一钢笔使用技巧的优势了吧？答案是：节省锚点数量，优化图形。

1.2.2 完美的心

对称的形式美在生活中随处可见，而这颗心之所以"完美"是因为它拥有左右绝对对称的形态。通过制作图1–50所示图形，我们学习钢笔工具的同时也掌握了制作镜像图形的方法。

▲ 图1–50

步骤一 用热键[Ctrl+N]，新建10cmX10cm的画板。用钢笔工具，如图1–51所示，按从1至3的位置，顺时针绘制出半颗心形。

① 单击鼠标生成"锚点1"。

② 按住[Shift]键，在2的位置单击鼠标生成"锚点2"（[Shift]是操控绘制水平/垂直/45°倾斜之路径线段的热键）。

③ 在3的位置按住鼠标拖动生成曲线性质的"锚点3"。

④ 回到"锚点1"，当光标提示封合时，点击"锚点1"，封闭图形。

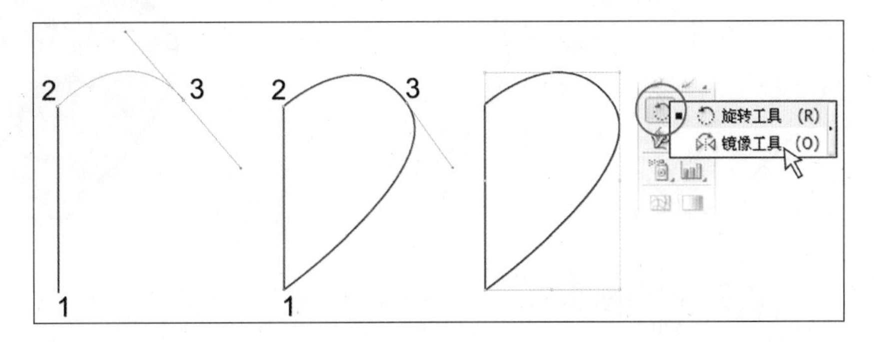

◀ 图1–51

步骤二 换"黑箭头"点击刚画完的半颗心，使之周边出现蓝色定界框，在"视图"菜单中激活"智能参考线"。再换"镜像工具"（图1–51），把光标对准半颗心的垂直路径段上，当"智能参考线"提示找到路径时，按住[Alt]键，单击鼠标，在弹出的镜像对话框中设定轴为垂直，按"复制"按钮。镜像复制出对称的另一半心形。如图1–52所示。

◆智能参考线的功用——光标在画面中移动的过程中，智能参考线会随时捕捉、提示它所经过的图形对象的路径、锚点、中心点以及页面（即画板边界）和参考线等。在做"完美的心形"时，它可以帮助我们精确地以半颗心形对象的垂直路径边缘为镜像轴，来生成另一半对象，最终左、右半颗心的垂直路径边缘是完全重合的。这样，对它们进行合并展开后，中间重合的垂直路径才会被优化清除掉。

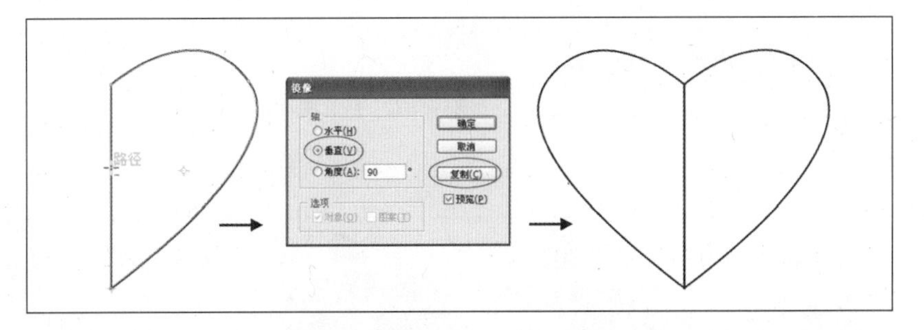

◀ 图1–52

换"黑箭头"工具，画框选中左右半心图形，在"路径查找器"选项板中，执行"相加"，再"扩展"。现在，图形对象合并成为一个完整的心形了。如图1–53所示。

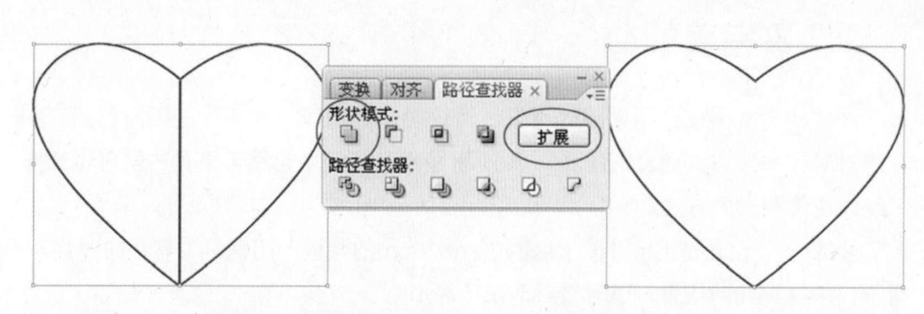

▶ 图1–53

步骤三 如果这颗心稍显横宽的话，可以给它瘦瘦身。用“黑箭头”点按住边界框一侧的中间控制点，按住[Alt]键，水平移动鼠标，使心形横向收窄，至宽度合适时释放热键、鼠标（见图1–54）。

最后，给心图形设色，颜色随意（见图1–54）。

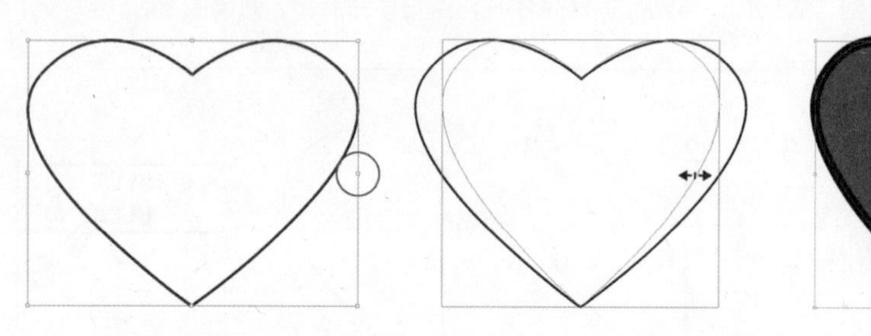

▶ 图1–54

1.2.3 著名的苹果

本教学案例（图1–55）源自著名的苹果标志，但出于教学的需求我们并不原样照搬它，而是把它原本分离的叶子与果身相连，虽然这样的变动使得苹果失去了原标志的灵秀之气，但在讲授“偏移路径”功能时，叶子与果身相连的锚点将成为教学载体。声明：本案例的钢笔绘制过程并非最佳方法。我们是针对贝塞尔曲线之相关工具的学习，而特意设计安排成这样的绘制过程。

步骤一 新建10cmX10cm的画面文档，通过“文件”菜单\置入–本书教学资源的“教学案例与素材\第一单元 基础教学\1.2贝塞尔曲线\苹果底图.tif”。执行“对象”菜单中“锁定/所选对象”，在被锁定保护的苹果底图上，用钢笔依照着苹果的轮廓描绘。注意目前设色应为“不填色、彩色描边”。

可参照示范图，从叶子根部开始描绘（图1–56、图1–57）。

① 锚点1是直线锚点（单击鼠标生成）。

② 锚点2为曲线锚点（按住拖动鼠标生成）。再如图1–56，钢笔光标对准锚点2，单击鼠标减去其单向手柄。

③ 锚点3、锚点4均是曲线锚点，且都需要减去单向手柄。

▲ 图1–55

▲ 图1–56

▲ 图1–57

④ 锚点5、锚点6为曲线锚点。

⑤ 锚点7是直线锚点。

⑥ 锚点8——曲线锚点，锚点9——直线锚点，锚点10——曲线锚点。

⑦ 锚点11——曲线锚点，锚点12——直线锚点，锚点13——曲线锚点。

⑧ 回到起始锚点（锚点1），光标提示封合时，如图1-58，点按住鼠标拖动。

▲ 图1-58

步骤二 初学贝塞尔曲线，我们依葫芦画瓢般绘制出的图形对象，未必完美无缺。所以，对路径对象进行适当调整往往必不可少。观察这个苹果，锚点5或6保留一个即可，锚点9应该是曲线锚点，而锚点12是多余的，锚点13与起始锚点之间又缺少一个锚点。下面依次修改它们（图1-59~图1-61）。

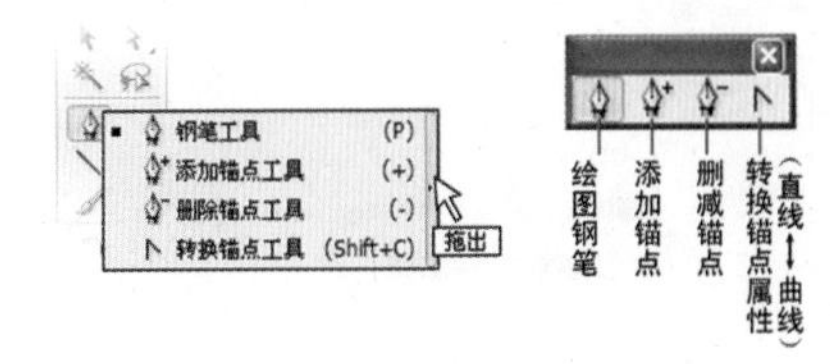

▲ 图1-59

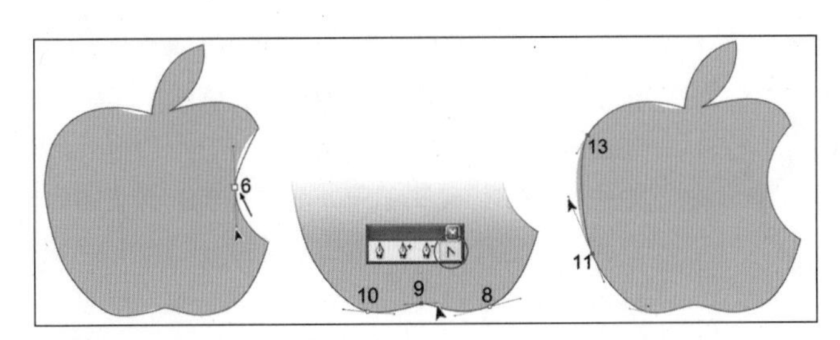

▲ 图1-60

▲ 图1-61

① 用鼠标持续按住钢笔工具按钮，在弹出的工具板边缘的“拖出”把手处松开鼠标。钢笔工具板会完整地从工具箱中独立出来。

② 选择带减号的“删除锚点工具”，对准锚点5，单击鼠标，减去该锚点。

③ 换“白箭头”工具，选中锚点6，向上方移动，并调整其手柄以改变路径曲度，使之贴合苹果边界。

④ 用“锚点转换工具”按住锚点9往顺时针方向旋转一圈后释放鼠标，能看到该锚点9已转换为附带双向手柄的曲线锚点。可以继续用“锚点转换工具”调整双向手柄使路径曲度贴合苹果边界。注意用“白箭头”与“锚点转换工具”调整手柄时对路径曲度带来的不同影响。

⑤ 删除锚点12，再调整锚点11的手柄。

⑥ 用“添加锚点工具”在锚点13和锚点1之间的路径上单击，增加锚点14。

⑦ 换“白箭头”工具选中锚点1，调整其手柄以使路径曲度贴合苹果。

现在，这个苹果拥有12个锚点。如果你能非常熟练地掌握钢笔工具的话，你可以做到，① 基本能一次性描绘出它漂亮的外形，而之后无须过多的调整。② 能用更少的锚点个数来完成这个苹果。

图1-62是我们这个苹果案例所用的锚点个数及位置的示意。在之后的钢笔工具学习中，你会发现锚点5、11也是可以节省的，锚点4、6之间的凹陷曲度可以通过给这两个锚点增加单向手柄而实现。

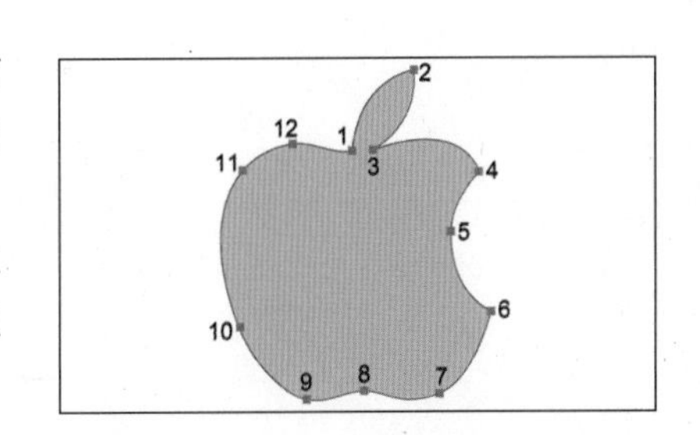

▲ 图1-62

步骤三 执行“对象”菜单中的“全部解锁”，解除对苹果底图的锁定保护，

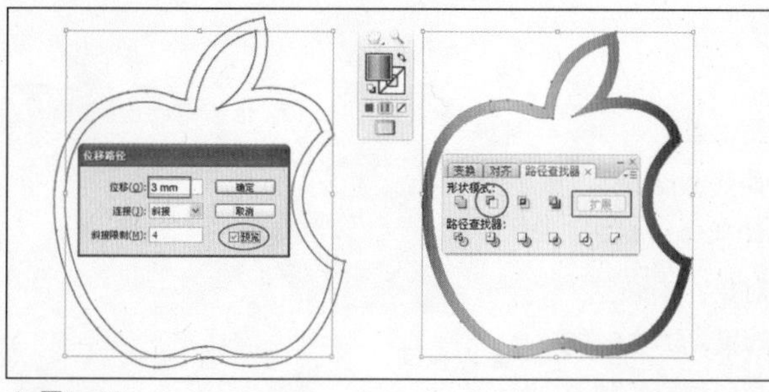

▲ 图1-63

▲ 图1-64

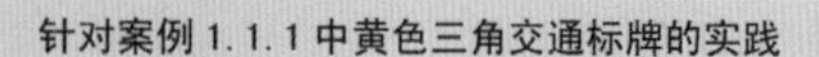

针对案例 1.1.1 中黄色三角交通标牌的实践

通过Ctrl+C、Ctrl+F原地复制粘贴黄三角，再Alt+Shift原地原比例缩小它而获得的黑轮廓三角。两个对象不能水平、垂直居中对齐。

通过“路径偏移”获得的黄三角形内的黑轮廓三角，两个对象是完全严谨对齐的状态。

▲ 图1-65

并删除它。

步骤四 “黑箭头”选中你绘制的苹果路径，执行“对象”菜单/路径/偏移路径，在弹出的对话框中，勾选“预览”后，在“位移”中设定参数，偏移出如图1-63所示的厚度即可“确定”（或者按回车键[Enter]）。

步骤五 目前内外双层苹果路径是自动被全选的状态，马上在“路径查找器”中执行“相减”（把内层苹果从外层苹果中减去）、“扩展”（优化相减后的路径）。再给已是空心状态的苹果填渐变色，可编辑制作自己喜欢的渐变效果（图1-63）。

步骤六 我们再尝试、比较另一种制作彩虹轮廓的方法。反复执行[Ctrl+Z]，直至退回到之前单层苹果路径“不填色、描红色边”的状态。在“描边”面板中调高粗细的参数之后，执行“对象”菜单/扩展，如图1-64所示设定对话框，扩展苹果的红色轮廓线，使其由单圈路径变为双圈路径，苹果的红色粗轮廓效果没变，但设色状态从描边转换为填色了，我们可以接着给它填七彩渐变，但是这两种绘制方法获得了不尽相同的结果，图1-64中绿色圈选的地方正是差异之处，偏移路径可保留苹果的原本形态，使叶根保持尖锐的路径转角，而描边则受锚点性质的制约，使叶根转角变得平钝，虽然一经扩展后它也能取得轮廓渐变色的效果。

接下来可以通过针对案例1.1.1中的黄色三角交通标牌的实践练习，来进一步了解“偏移路径”的功能（如图1-65）。

◆ **“偏移路径”是对应路径的具体起伏变化来偏移出新的路径对象，而不是根据图形的宽高进行原比例缩放对象，所以偏移路径可以保证生成的新图形维持原形态且与原对象保持均匀的周边间距。**

1.2.4 月夜之狼

图1-66所示这个漂亮的剪影状的狼图形，是美国惠斯比青年露营俱乐部的标志。狼头、脊背、狼尾的形态如强弩之弓，加上张扬的狼毛，使整个狼身充满了张力，彰显了狼的自然力量。这个标志图形的美感体现于在写实的基础上对狼形传神的概括与凝练。作为热爱大自然的露营者俱乐部的标志，它传递的是年轻人渴望与自然同行、与狼（动物）共舞的绿色生命理念。相对于前两个案例，这个狼形的绘制比较复杂，要进一步学习绘制垂直、水平路径以及增加单向手柄、删减单向手柄。要想熟练掌握钢笔工具，就需要大家反复认真地实践练习这个狼形的绘制。

步骤一 新建15cm×15cm的画板。通过“文件”菜单/置入-本书教学资源的“教学案例与素材\第一单元 基础教学\1.2贝塞尔曲线\walf-logo.jpg”，把置入的图片原比例缩小至画板范围内，执行“对象”菜单/锁定/所选对象（如图

▲ 图1-66

▲ 图1-67

1-67)。

步骤二 在用钢笔描绘狼形之前，先设定“无填色、红色描边”。如图1-68~图1-71所示，从狼嘴的位置，顺时针绘制。

① “锚点1”至“锚点3”都是单击鼠标产生的直线锚点，且1至2、2至3是[Shift]键辅助生成的水平与垂直的路径。

② “锚点4”是按住鼠标拖动产生的曲线锚点。为绘制出4至5的路径曲线，需要减掉“锚点4”的单向手柄。

③ “锚点5”同样是需要减去单向手柄的曲线锚点。“锚点6”是曲线锚点。“锚点7”是直线锚点。

④ 通过“锚点8”，我们讲授给锚点添加单向手柄的技巧。

单击鼠标生成“锚点8”后，按住[Alt]键，把光标对准“锚点8”，按住鼠标往右下方拖动（如图1-69），释放鼠标即可为“锚点8”添加外方向的单向手柄。

⑤ 在9的位置，按住鼠标拖动生成“锚点9”，再减去其单向手柄。

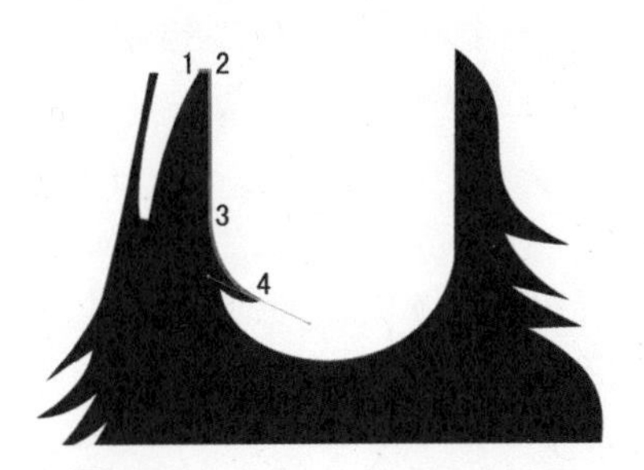

▲ 图1-68

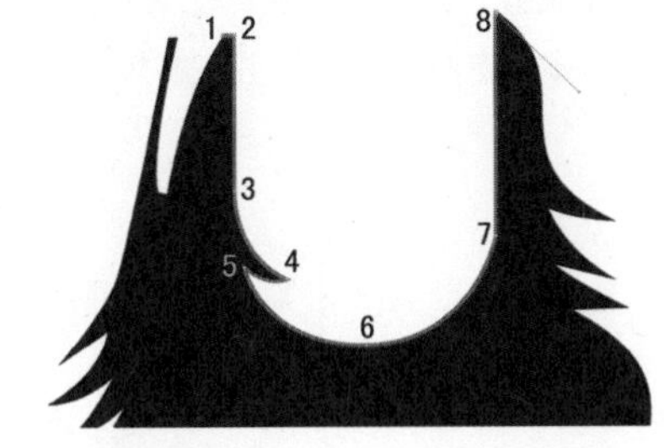

▲ 图1-69

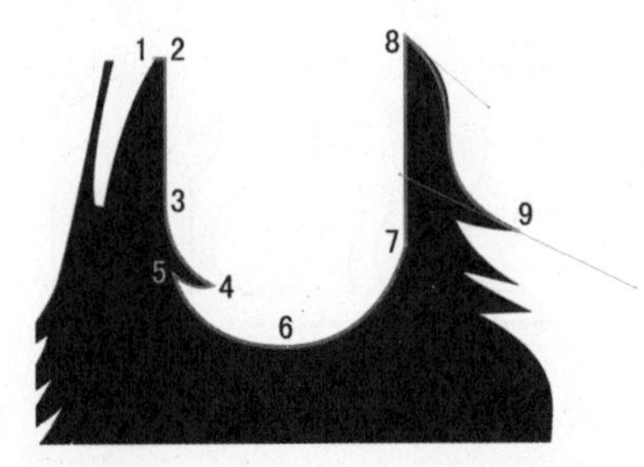

▲ 图1-70

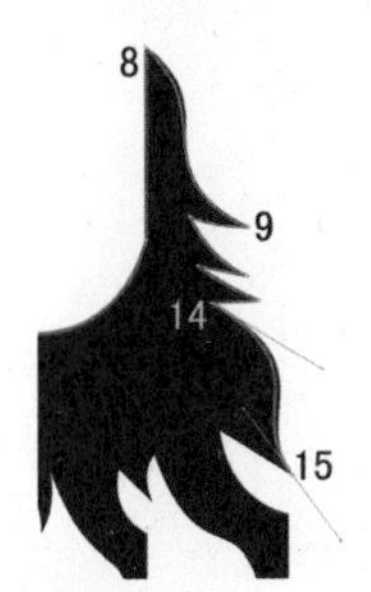

▲ 图1-71

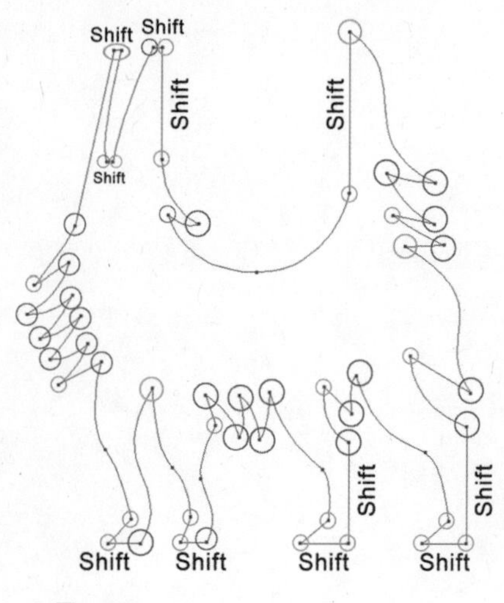

▲ 图1-72

10、11、13处的锚点皆需减去单向手柄，12处是直线锚点。

⑥ 14至15处的操作与8至9处相同，是我们练习添加单向手柄的区段，“锚点14”参照“锚点8”的操作。

⑦ 如图1-72所示，整只狼可用60个锚点绘制完成。

黄色圈选处——直线锚点

红色圈选处——需减去单向手柄的曲线锚点

绿色圈选处——需添加单向手柄的锚点（添加之前为直线锚点，添加后变为曲线锚点）

狼背凹陷处——带双向手柄的曲线锚点。

唯一的粉色圈选处——是起始锚点，也是图形最后的封合处。封合操作要点是，把光标对准“锚点1”，光标出现封合提示时，按住鼠标向右上方拖动，见蓝色路径之曲度与狼嘴处吻合时，释放鼠标，完成封合。

Shift标注处——需要[Shift]键配合，以生成水平、垂直的路径线段。

步骤三　绘制底座。用矩形工具在底座位置画一长方形。长方形右垂直边界要与狼后腿的垂直边界对齐（图1-73）。

换白箭头工具，画框框选长方形左上角的锚点，点按键盘上的方向键（右方向键），反复点按几次，直至路径斜度与底图吻合（图1-74）。

▲ 图1-73　　▲ 图1-74

步骤四　执行“对象”菜单/全部解锁，解除狼底图的被保护状态，并在键盘上按[Delete]键删除它。

步骤五　用“黑箭头”工具框选狼身、底座两个对象后，在“路径查找器”选项板中，选择“相加”并“扩展”（图1-75）。完美的月夜之狼诞生了。原标志

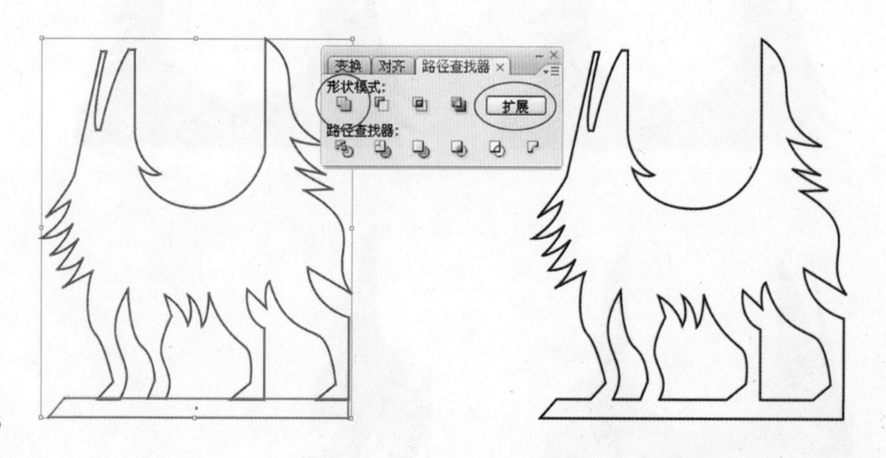

▶ 图1-75

中的五星及圆形狼眼，可以自行绘制完成。

1.3 路径查找器——图形整合的万花筒

“路径查找器”与“变换”、“对齐”被共同整合在同一个面板中，在“窗口”菜单中，我们可以找到它——“变换 [Shift+F8]”。记住这组热键，熟练地使用热键能大大减少右臂长期使用鼠标造成的疲劳，还能提高学习和工作的效率。在Illustrator不同的版本中，部分菜单命令以及面板选项的名称翻译不同，随着你逐渐熟悉软件，名称的差异并不会影响你对不同版本Illustrator的使用。

“路径查找器”由两部分组成：第一排“形状模式”按钮和第二排“路径查找器”（也叫“修整”）按钮。它们都是对两个或者两个以上图形对象进行编辑整合的工具。示范图1–76~图1–77中以一个正圆形和一个八角星形进行整合为例，展示了分别运用上下两排10个编辑按钮的效果。

需要注意：

① 上下两排，各有一个对象相减的按钮，“形状模式”中的“相减”是从下面对象身上减去其上面压盖的对象，而“路径查找器”中的“减去后面”是从上面对象身上减去其下面压盖的对象（图1–76）。

② “路径查找器”中的“裁剪”使用后，会产生隐藏对象（图1–77）。

对执行“裁剪”后的对象“取消编组”，按[Ctrl+Y]（“视图”菜单的首选项“预览”）以轮廓线状态显示图形，即可发现“裁剪”后的隐藏对象，因为其无填色、无描边，所以呈“隐藏”状态。示范图1–77中红色方框示意的正是这个隐藏对象。

③ “路径查找器”示范图（图1–76、图1–77）中，分别对同一颜色的两个对象和不同颜色的两个对象执行同一项整合功能，其结果是，颜色的不同会导致

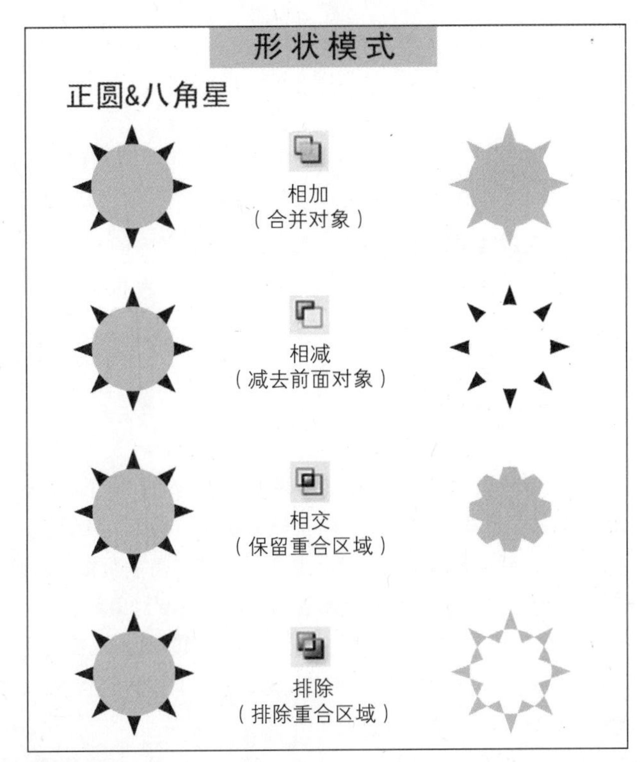

▲ 图1–76

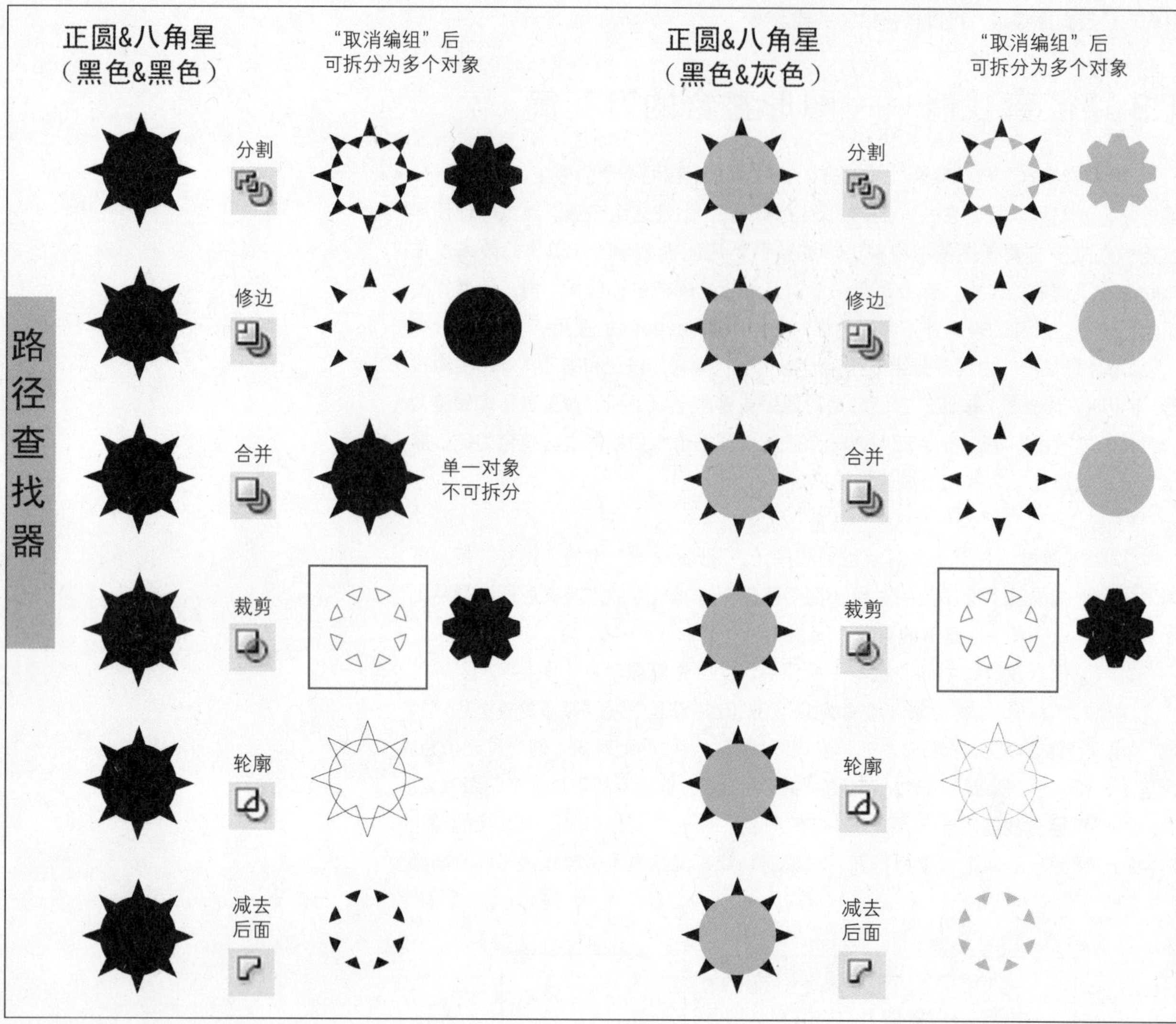

▲ 图1–77

效果的差异。

④ "修边"产生的效果也会因对象之间的上下压盖关系的不同而不同。

在之前的教学中，我们已经接触到路径查找器，作为Illustrator的核心功能之一，它的使用会穿插在很多教学环节中。

1.3.1 ggg画廊标志

图1–78所示图标是著名的日本银座画廊（Ginza Graphic Gallery）的标志。三个字母g形对象的整齐排列，运用的是重复构成的形式美。其形态还似三个梳抓髻的古典日本人，躬身俯首前后相连，整体标志形态简单而富有趣味感。本例通过制作该标志讲授扩展描边、两形相减、水平移动复制对象。

步骤一 新建15cm×10cm的画板。用"椭圆工具"绘出发髻般的小正圆形，设色为"填色、无描边"；再绘出另外两个"无填色、有描边"的圆环，描边粗细效果参照图例，参数自定（如图1–79）。

步骤二 选中大小两个圆环，执行"对象"菜单/扩展，把单圈路径扩展为双

▲ 图1-78　Ginza Graphic Gallery　　▲ 图1-79

圈路径，即对象的形色不变，但设色状态由描边转变成了填色。

步骤三　画一个钜形，旋转倾斜它并压盖在大圆环上，选中矩形及大圆环，执行路径查找器中“形状模式”的“相减”并“扩展”，一个g形小人就做好了。把组成它的3个对象编组（图1-80）。

步骤四　平行移动复制出第二个g形小人（[Alt]键配合鼠标移动复制出g形小人时追加[Shift]键），按[Ctrl+D]生成第三个。最后，把三个g形对象编组（图1-81）。

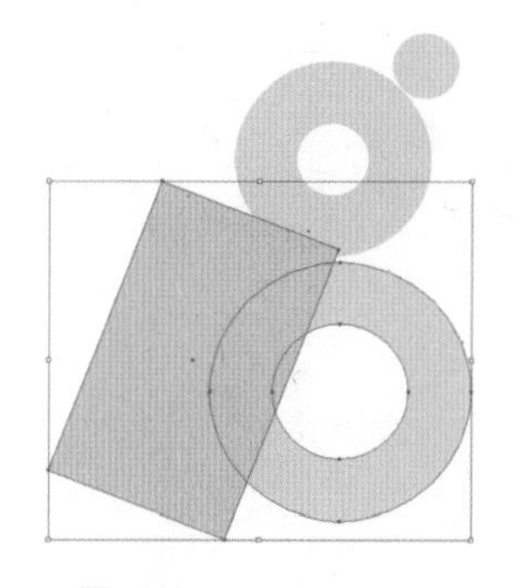

▲ 图1-80

▲ 图1-81

1.3.2 双星标志

图1-82所示两个鹰头般的五角星，一大一小交叠在一起。两者重合区域的效果使用了平面构成中七种图形关系之一的“透叠”处理手段。通过该图形来讲解排除两形的重叠区域（即透叠）的操作以及“比例工具”的使用。

步骤一　新建10cmX10cm的画板。选形状工具中的“星形工具”，配合[Alt+Shift]键画出平肩正五角星（星形角点数的控制，见“1.1.3星形工具小实

▲ 图1-82
▼ 图1-83

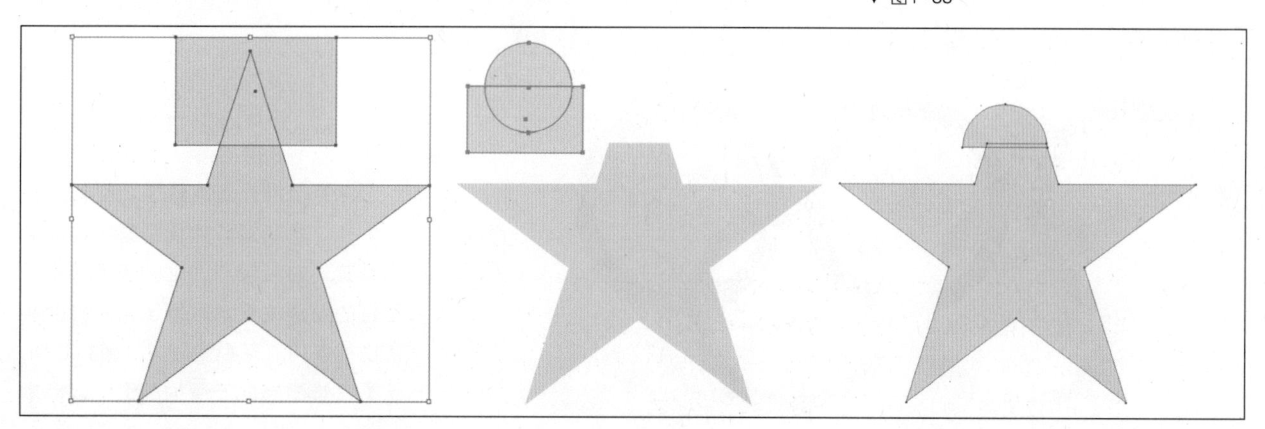

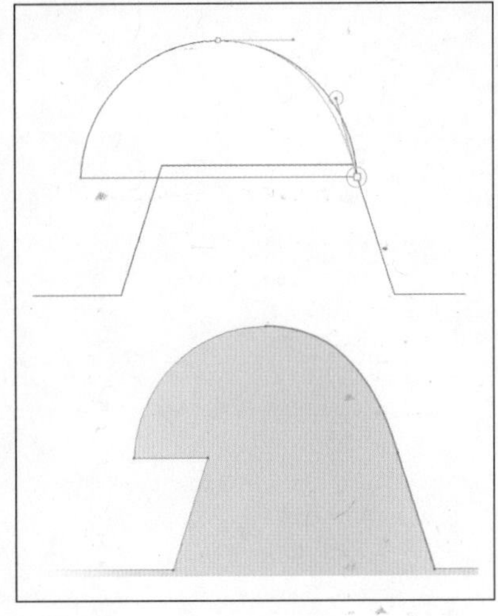

▲ 图1-84

践”)。用矩形工具画出长方形，如图1-83，把它压盖在五角星的上星角的上半部分。用“黑箭头”选中这两个对象，执行“路径查找器”/形状模式/相减/扩展。

步骤二 画正圆、矩形各一个，矩形压盖住正圆的一半。再把这两个对象“相减”并‘扩展’。把半圆对接到星角上，按[Ctrl+Y]以轮廓线状态显示画面对象，用“白箭头”选中半圆的右下角锚点后（图1-84），调整其手柄，使路径曲度与星角边界更加流畅贴合。

步骤三 按[Ctrl+Y]恢复画面的正常显示状态，选中半圆与五星，执行“路径查找器”/形状模式/相加/扩展，合并二者为一个对象。

步骤四 执行“编辑”菜单中的“复制”、再“贴在后面（[Ctrl+B]）”（等于原地在选中的对象后面复制粘贴了该对象）。马上更换“比例工具”，把光标对准星形右下星角的锚点，单击鼠标，把缩放参考点（蓝色十字准星）安置在这个位置。再把光标移至五星内部，[Shift]键配合，按住鼠标往右下方拖动，缩小后面的五星至如图1-85所示的位置，释放鼠标、热键。

步骤五 “黑箭头”选中大五星，为其更换填色以区别小五星。用“钢笔工具”中带减号的“删除锚点”工具单击大五星的右下星角锚点。现在，大五星少了“一条腿”（图1-86）。

用“黑箭头”框选大、小两个五星，执行“路径查找器”/形状模式/排除/扩展。

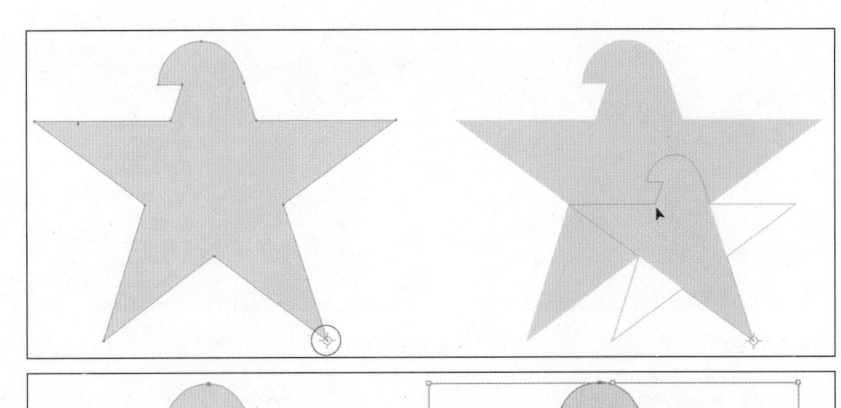

► 图1-85

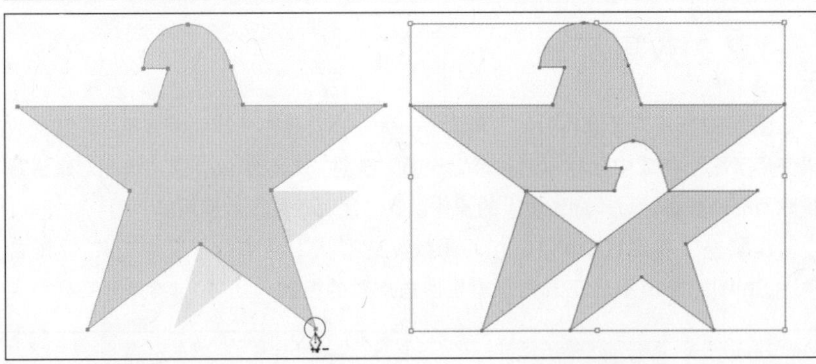

► 图1-86

▼ 图1-87

1.3.3 奥运五环

作为举世闻名的最成功的标志图形之一，奥运五环体现了重复构成的形式美，并且圆与圆之间采用了相互压叠的图形关系，取得了相对独立又密切相连的五环视觉效果（图1-87）。此类二维图形的矛盾构成都可以用本案例的方法制作处理。通过五环我们讲授多个图形重合区域的分割与选择。

步骤一 新建5cm×10cm的画板。用椭圆工具绘制一个正圆，设色为“不填色、黑色描边”。执行“对象”菜单/扩展。[Alt]追加[Shift]键配合“黑箭头”水平移动复制出又一个圆环，间距如图1–88所示。按[Ctrl+D]一次，生成第三个圆环。

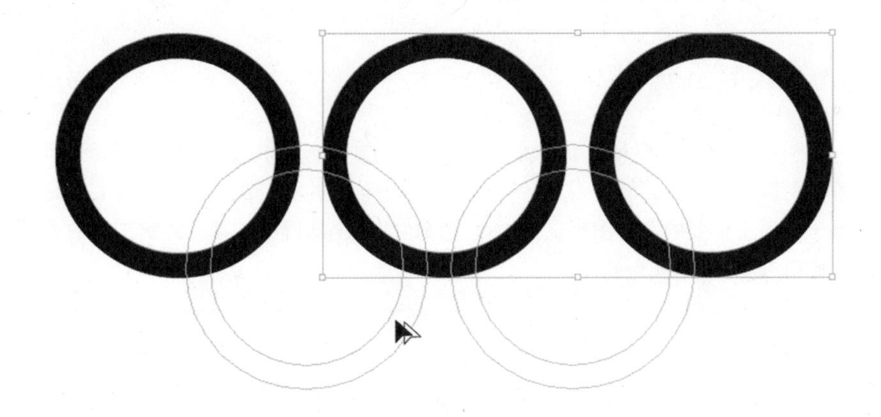

◀ 图1–88

步骤二 “黑箭头”框选中后两个圆环，[Alt]键配合向下移动复制出第二排的圆环（图1–88）。

步骤三 先给第一排的3个圆环编组，再给第二排的2个圆环编组。执行“对齐”面板/水平居中对齐（图1–89）。

步骤四 分别给两排圆环取消编组，再按照奥运五环的色序为每个圆环设色。

步骤五 “黑箭头”全选五个圆环，执行“路径查找器”选项板中的“分割”。再执行右键菜单中的“取消编组”，现在，即可单独选取五环彼此之间的重合区段，并分别为它们更换填色了（图1–90）。

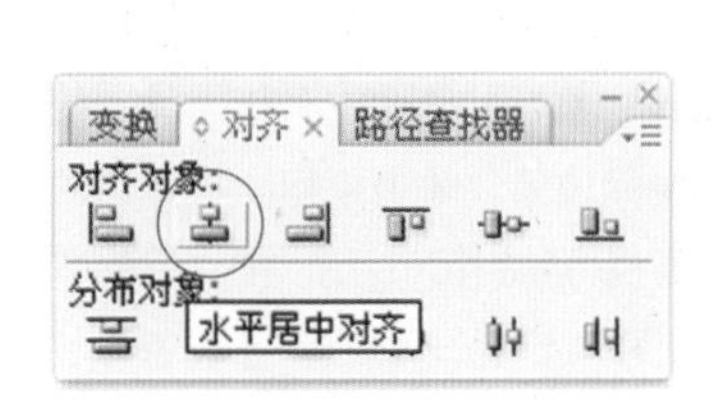

▲ 图1–89
► 图1–90

提示：奥运五环之间压盖区段的颜色设定还可以通过“实时上色工具”来完成，具体操作讲解参见第二单元的2.1案例。

1.4 极坐标网格——发射图形的定位仪

图形标志的设计制作经常会运用平面构成中的“发射构成”，发射构成特有的离散与向心性，能赋予标志图形特殊的视觉凝聚力与张力。Illustrator中的极坐标网格工具正是我们绘制此类发射图形的得力助手。

1.4.1 五瓣花

图1-91这个五瓣花图形来源于第二单元的案例——大阪世博会海报。花瓣等间距围绕中心小圆的圆心旋转排列，且五个花瓣的圆心在同一个圆周上，这是一个周正标致的发射图形。通过该图形讲授极坐标网格工具、旋转工具的设定使用以及CMYK颜色的设定。

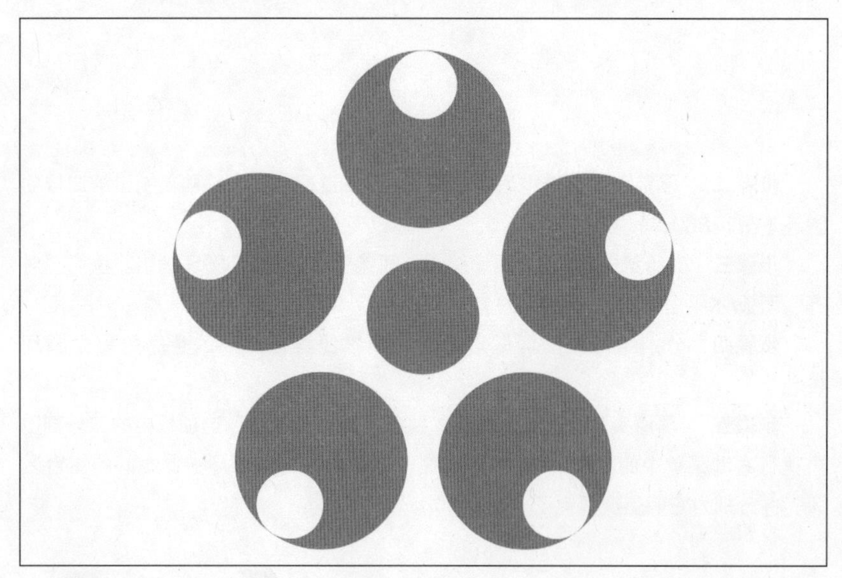

▲ 图1-91

步骤一 新建12cmX12cm的画板。选择“线段工具”的隐藏工具板中的“极坐标网格工具”，按住[Alt]键，把光标对准画板的中间位置，单击鼠标。在弹出的极坐标网格对话框中，如图1-92进行参数设定。再执行热键[Ctrl+5]，把生成的车轮状的网格对象转换为参考线（或者执行“视图”菜单/参考线/创建参考线）。

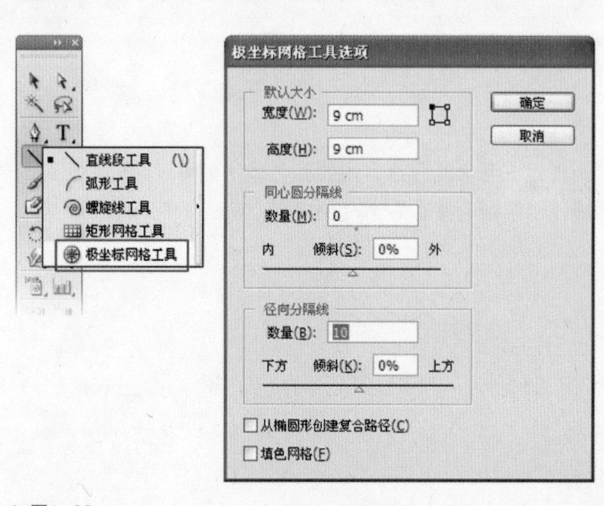

▲ 图1-92

步骤二 换“椭圆工具”，光标对准车轮参考线正上方垂直线位置，原地放射状画出一个直径接近左右两边参考线的正圆形，再按[Ctrl+C]、[Ctrl+F]原地复制、粘贴出一个圆，如图1–93所示原比例缩小该圆形后并为它换个颜色，再把它垂直上移至大圆圆周。全选大、小正圆形，执行“路径查找器”/相减、扩展。

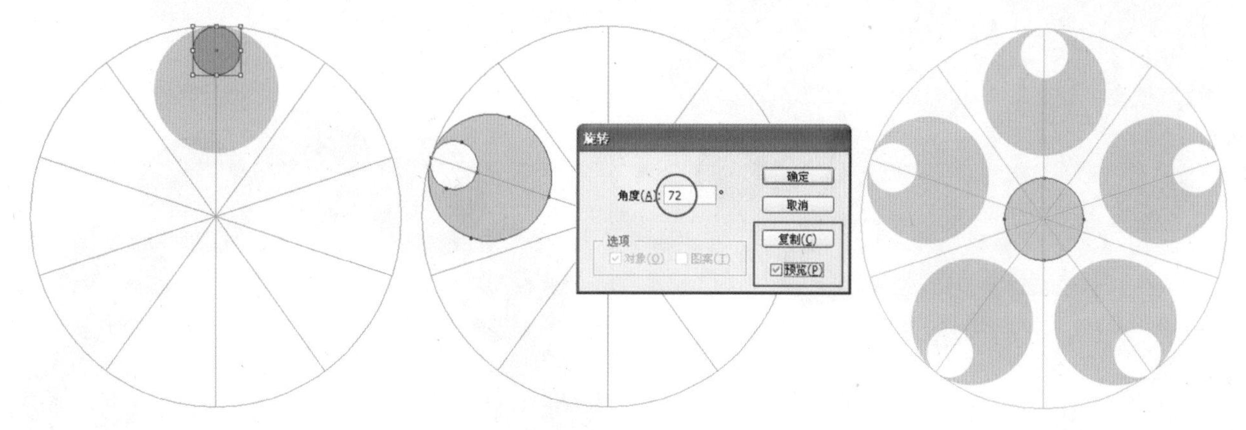

▲ 图1–93

步骤三 在缺口圆形被选中的前提下，换“旋转工具”，把光标对准车轮参考线的中心点位置，按住[Alt]键单击鼠标，在弹出的对话框中，设定旋转角度为72°（360° ÷5）。按“复制”按钮，旋转复制出第一个对象后，执行三次[Ctrl+D]，生成另外三个花瓣。最后在车轮圆心再绘制一个正圆形（图1–93）。

步骤四 全选六个对象后编组。在“颜色”面板的菜单中，把当前颜色模式转换为CMYK，并如图1–94所示给最终的图形设定颜色参数。

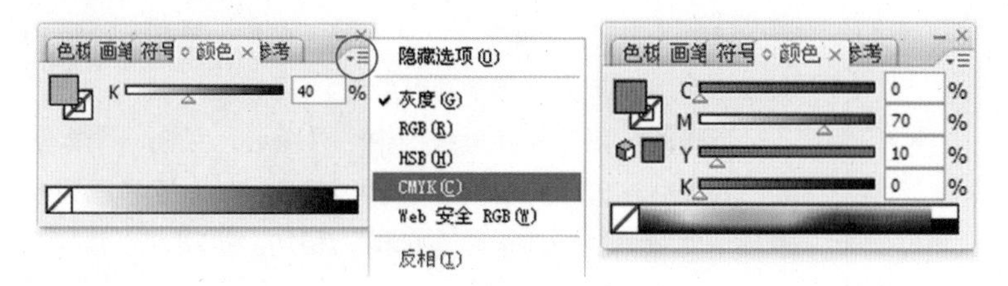

▲ 图1–94

C蓝色（青）、M红色（品）、Y黄色、K黑色，此四色模式用于印刷，行业称为“黄品青黑”。

1.4.2 十二瓣花

上个案例的五瓣花是图形元素相互分离的，而图1–95所示这个十二瓣花图形是多个对象复合编辑而成的。此类标志图形的设计与制作可以锻炼大家的图形解析能力以及最优化的图形制作能力。

▲ 图1-95

步骤一　新建12cmx12cm的画板。用[Alt]键配合“极坐标网格工具”在画板的中心位置单击，在对话框中设定宽、高皆为12cm，同心分隔为0，射线分隔为24，确定后，按[Ctrl+5]创建其为参考线。

步骤二　在车轮参考线的“12点”位置，以圆周上的参考线交点为圆心，[Alt+Shift]键配合椭圆工具绘制一个正圆，黑色填充、无描边（图1-96）。

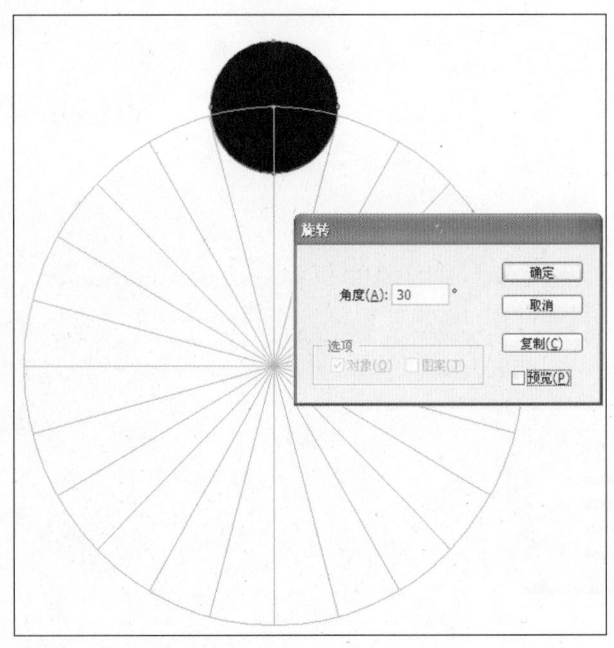

▲ 图1-96

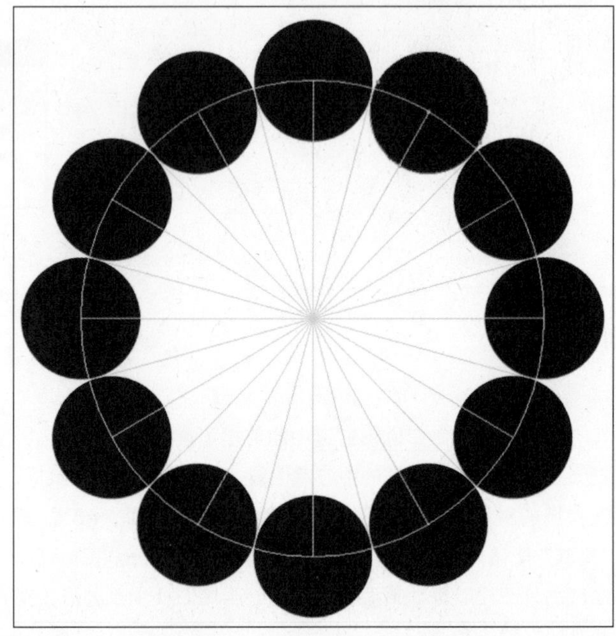

▲ 图1-97

步骤三　在正圆对象被选中的状态下，[Alt]键配合“旋转工具”，光标对准车轮参考线的圆心单击，在对话框中设定旋转角度为30°（360°÷12），按“复制”按钮。执行10次[Ctrl+D]，生成另外10个圆形（图1-97）。

步骤四　以车轮参考线的中心为圆心，绘制一个大正圆，其大小与车轮参考线圆周同大（图1-98）。全选画面中的13个对象，执行“路径查找器”/相加、扩展，合并为一个对象（图1-99）。

步骤五　再绘制一个小圆环，描边、无填色，描边粗细约为8pt。执行“对象”菜单/扩展/描边。目前画面中共两个对象，选中它们，执行“路径查找器”/相减、扩展，把标志图形整合为一个对象。最后设定颜色。见图1-100、图1-101。

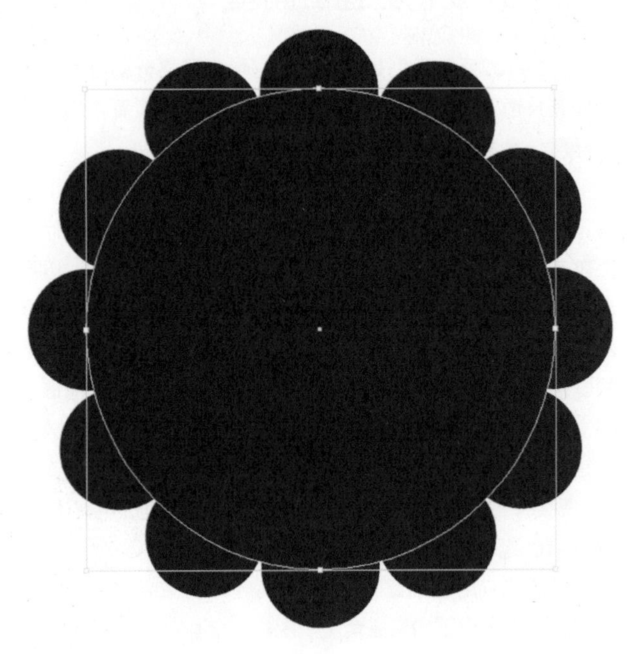

▲ 图1-98

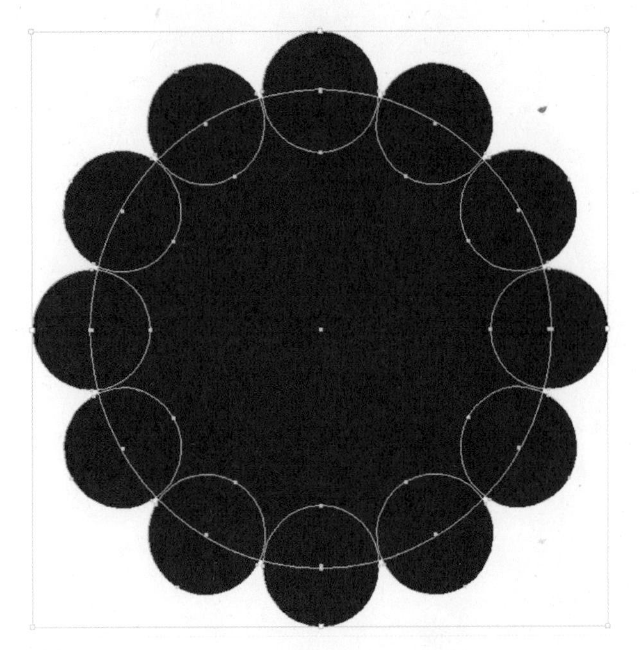

▲ 图1-99

▲ 图1-100

▲ 图1-101

1.4.3 金色分面五角星

▲ 图1–102

▼ 图1–103

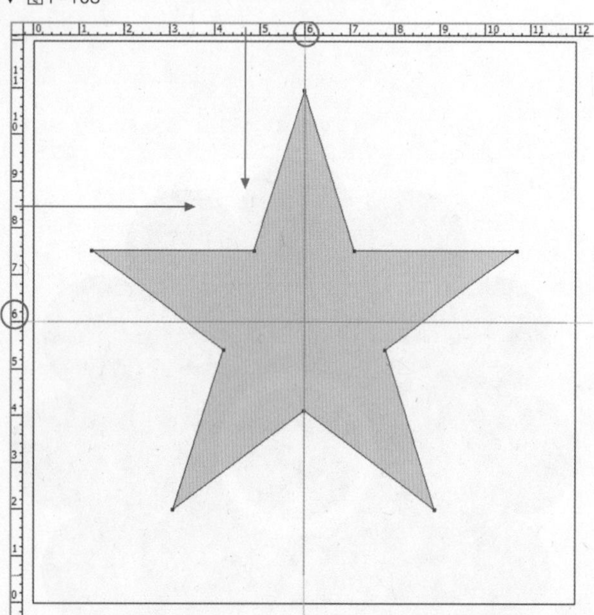

图1–102所示案例是巧妙利用极坐标网格分割五角星来制作其分面渐变的立体效果，此外，通过这个案例我们还讲授标尺、参考线和吸管工具的使用。

步骤一 新建12cmX12cm的画板。执行[Ctrl+R]（或者“视图”菜单/显示标尺）调出标尺。把光标放在横标尺上单击鼠标右键，在弹出的单位列表中选择“厘米”，再把光标移回至横标尺上，按住鼠标往画面中拖动，拉进一根参考线，注意要在竖标尺6cm的位置释放鼠标，生成一条水平的垂直等分画板的参考线。用同样的方法从竖标尺上拖进一根垂直参考线，在横标尺6cm的位置释放鼠标。如果拖放参考线产生失误，随时按[Ctrl+Z]取消上一步误操作后，重新再来。现在，一横一竖两条参考线十字交叉在画面的中心位置（图1–103）。

步骤二 用星形工具对准参考线十字交叉点，[Alt+Shift]配合绘制出一个平肩正五角星（图1–103）。

步骤三 换“极坐标网格工具”，[Alt]键配合光标对准参考线交叉点单击鼠标，在弹出的对话框中设定宽度、高度都是12cm，同心分隔为0，射线分隔为10。生成的网格对象一定要比五星面积大。设定网格对象“无填色、红色描边”（图1–104）。

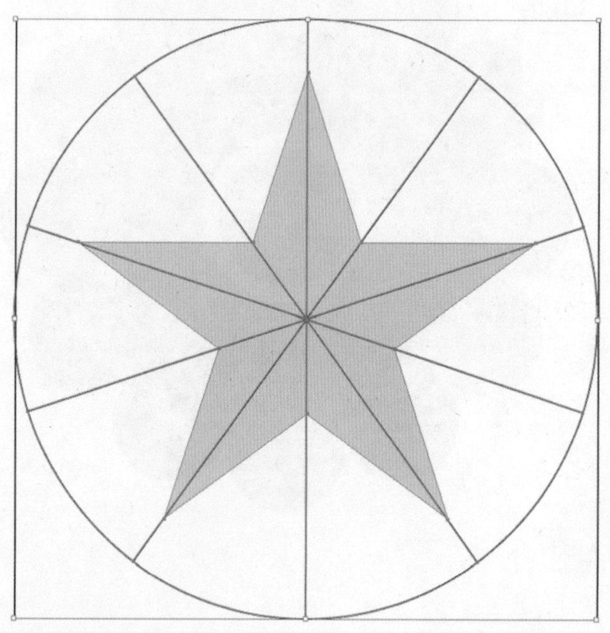

▲ 图1–104

步骤四 全选五星和网格对象，执行“路径查找器”/分割，再为分割后的对象取消编组。现在五星被分割的十个三角形可以独立单选了。记得把分割后残留下的网格对象删除掉。

步骤五 选择一个分割后的三角形，设定填色为渐变色，并在“颜色”、“渐变”面板中调整渐变滑块的CMYK色值。应该适当改变三角形中渐变色的方向，可用“渐变工具”直接在画面中合适的位置按住鼠标拖动一定的距离再释放鼠标。不同的渐变方向、渐变行程可产生不同的效果，这需要用“渐变工具”反复拖动进行尝试以达到想要的效果。见图1-105、图1-106。

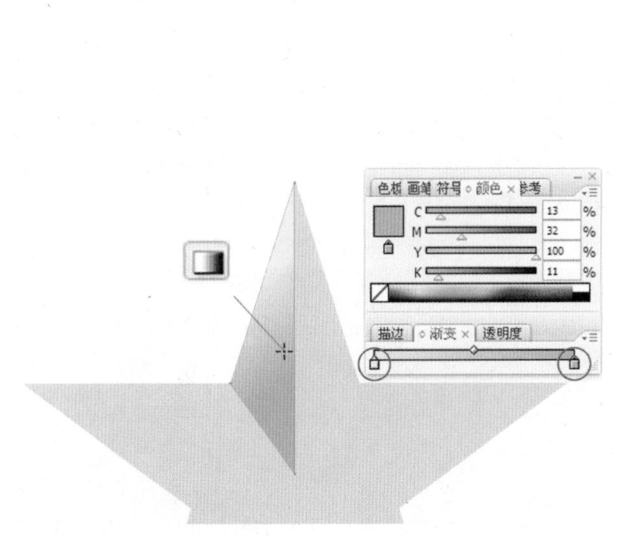

▲ 图1-105

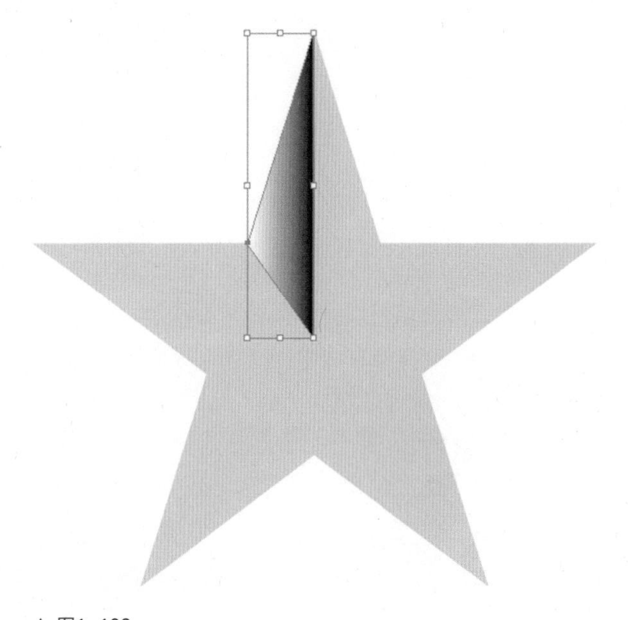

▲ 图1-106

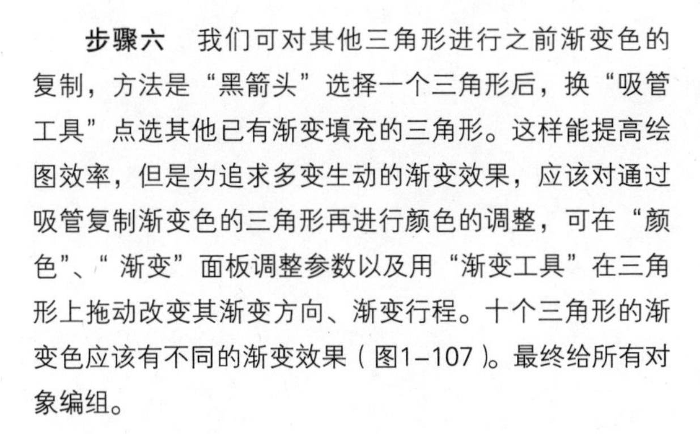

步骤六 我们可对其他三角形进行之前渐变色的复制，方法是“黑箭头”选择一个三角形后，换“吸管工具”点选其他已有渐变填充的三角形。这样能提高绘图效率，但是为追求多变生动的渐变效果，应该对通过吸管复制渐变色的三角形再进行颜色的调整，可在“颜色”、“渐变”面板调整参数以及用“渐变工具”在三角形上拖动改变其渐变方向、渐变行程。十个三角形的渐变色应该有不同的渐变效果（图1-107）。最终给所有对象编组。

▲ 图1-107

1.5 定义图案——图形队列的兵工厂

同Photoshop的定义图案功能相似，Illustrator也可以设计制作四方连续的各种图案。平面构成的逻辑构成之一——“重复构成”正是解构四方连续图案的图形构成原理。通过把单位图案置入到作用性骨格、非作用性骨格，就可以产生横平竖直或者上下间错的图案铺展效果。在图形软件中，我们只要能够对单位图案进行合理的分析与设计，就可以只通过作用性骨格来完成横平竖直和上下间错的图案效果。

1.5.1 片片枫叶

初次尝试定义图案，我们选择Illustrator提供的现成的符号来学习制作定义单位图案（图1–108），如同坐标纸一般的网格是制作定义图案的好帮手。

▲ 图1–108

步骤一　新建10cmX10cm的画板。为精确定义图案，我们需要网格的帮助，选择“编辑”菜单/首选项（有的版本是“参数预设”）/参考线与网格，在对话框中如图1-109所示设定网格线间隔为2cm、次分隔线为1，按“确定”按钮，但设定了网格参数还需把网格显示出来，执行热键[Ctrl+”]（或者“视图”菜单/显示网格）。

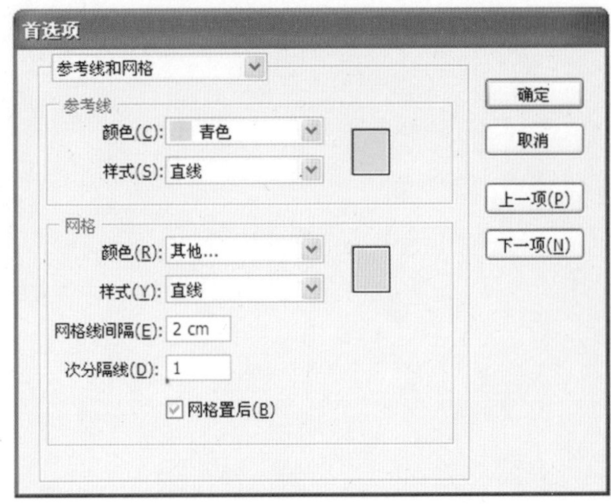

步骤二　如图1-110所示，从“符号”面板的菜单中提取“自然界”符号库，在该符号库中找到枫叶，用鼠标点中它，拖至画面中。再执行“符号”选项板下方的“断开符号链接”（图1-111）。

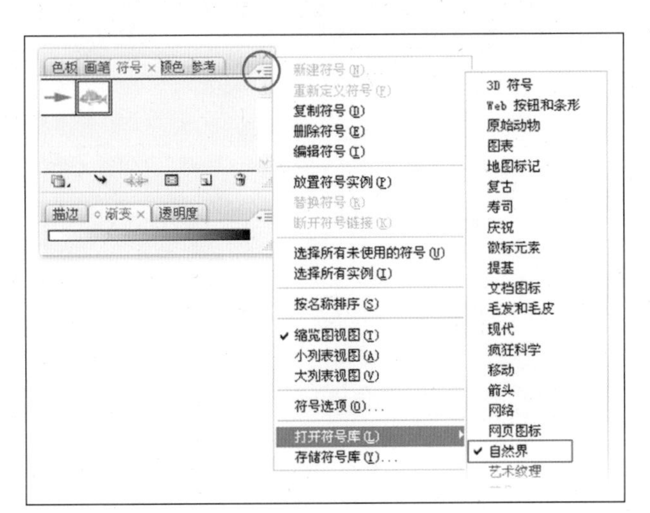

▲ 图1-109
◀ 图1-110
▼ 图1-111

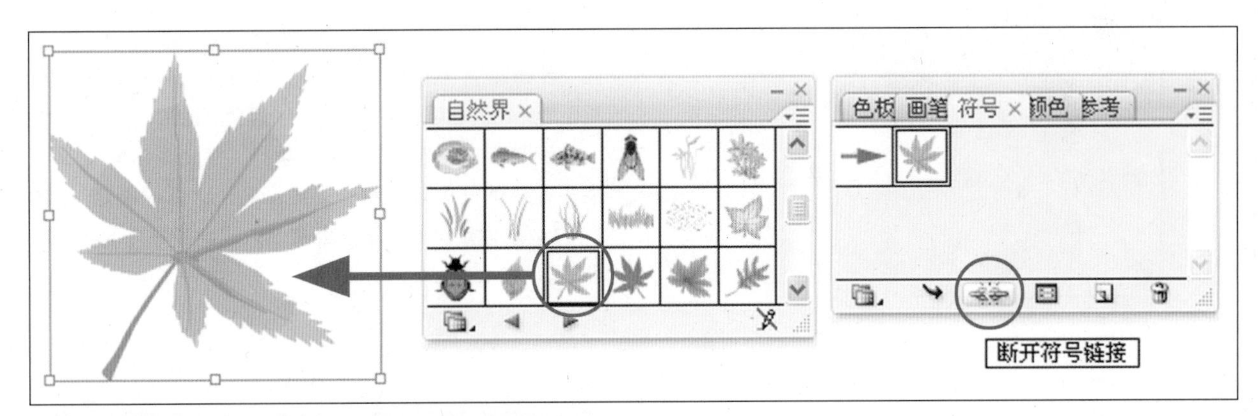

步骤三　用“放大镜”工具在画面中画框选中一个网格单位，即可局部放大这一个网格。在此网格单元中，绘制一个正方形，为保证精确，需要启用“对齐网格”功能，在“视图”菜单中找到它（或者热键[Shift+Ctrl+”]）。换“矩形工具”，把光标放在一个网格内随意按住鼠标拖动一下，就可绘出完整覆盖一个格子的正方形。给正方形填色后，把枫叶压盖在正方形上（需要在右键菜单中给它“排列/置于顶层”），从“视图”菜单取消“对齐网格”功能后，适当原比例缩小枫叶。见图1-112。

▲ 图1–112

▲ 图1–113

步骤四 "黑箭头"选中正方形，复制它并粘贴到前面，再原地原比例缩小它，并为它换个颜色。见图1–113。

步骤五 全选三个对象，执行"编辑"菜单/定义图案，在对话框中可以给该图案命名，之后"确定"（图1–114）。你定义的图案已经被装入"色板"内的图案库中了。

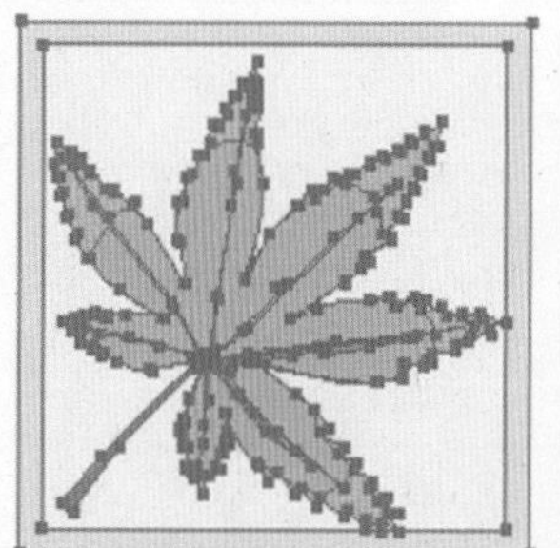

► 图1–114

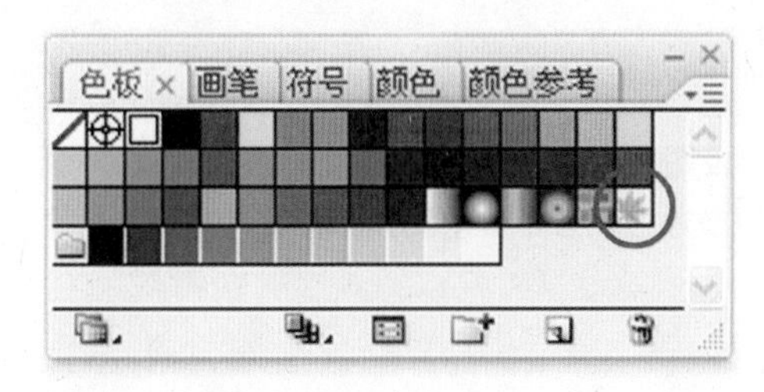

▲ 图1-115

步骤六 用“矩形工具”依靠着画板边界画一个10cmX10cm与画板等大的正方形。点击“色板”内的图案库中刚做的枫叶图案（图1-115），整个画面瞬间被填充了片片枫叶（图1-116）。注意：要在“工具箱”设色区“填色”被激活的状态下填充图案，而不是把图案填在“描边”上。

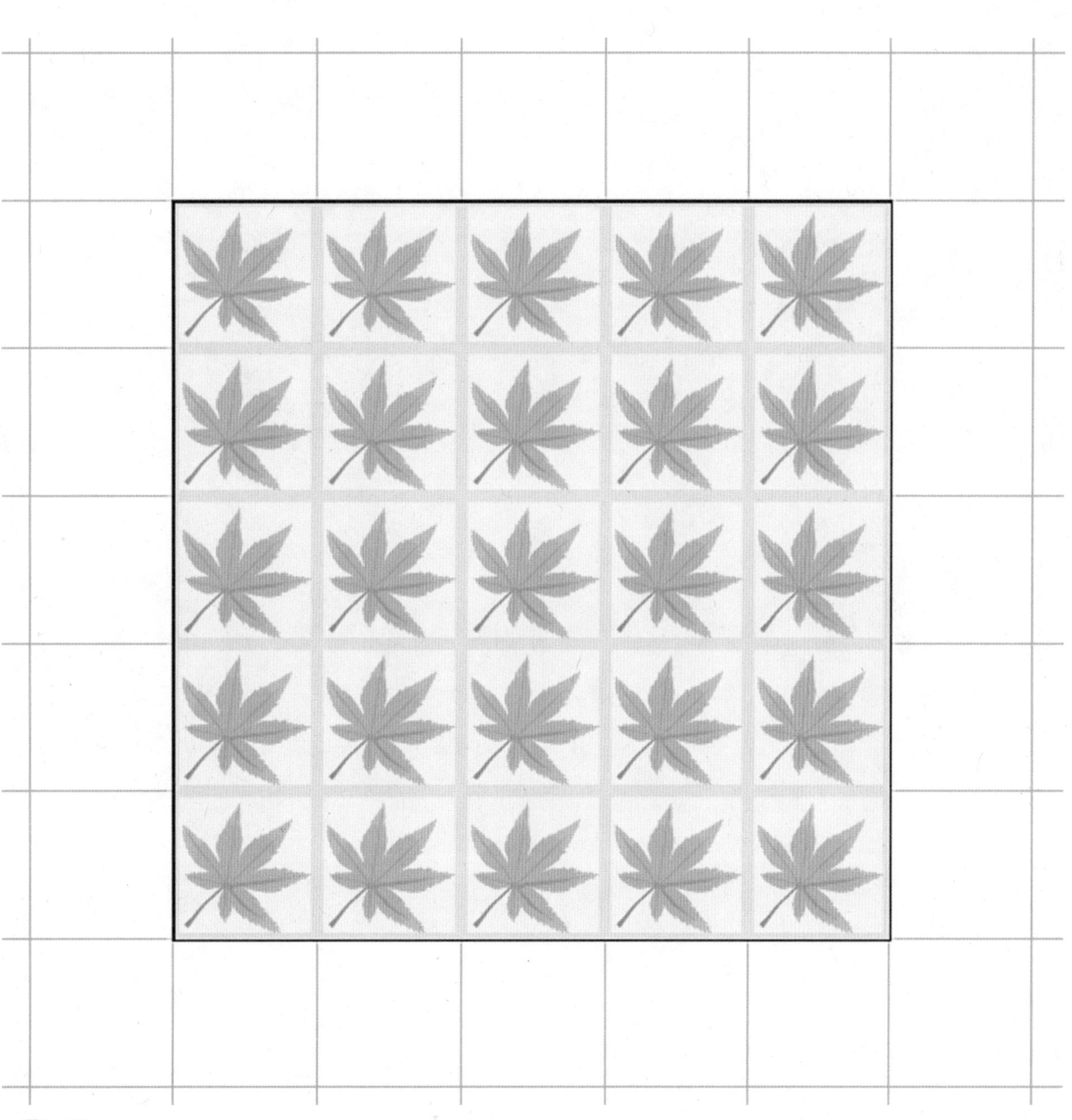

▲ 图1-116

1.5.2 几何菱纹

这个图案是用矩形工具绘制的单位图案（图1–117）。大家要注意培养从大面积图案中分析出单位图案的能力，以及通过制作单位图案预见图案大面积填充效果的能力。

▲ 图1–117

步骤一 新建16cmX16cm的画板。在“编辑”菜单/首选项/参考线与网格的对话框中，设定网格线间距为2cm、次分隔线为2，按“确定”后，显示网格。

步骤二 激活“对齐网格”功能，在一个单位网格（田字格）上绘制一个正方形，复制它并贴到前面，换“黑箭头”旋转它，无需[Shift]热键，在对齐网格状态下，它被锁定90° 旋转。给旋转后的菱形对象换填色，并复制它贴到前面，[Alt]键配合原地缩小它并换填色。见图1–118。

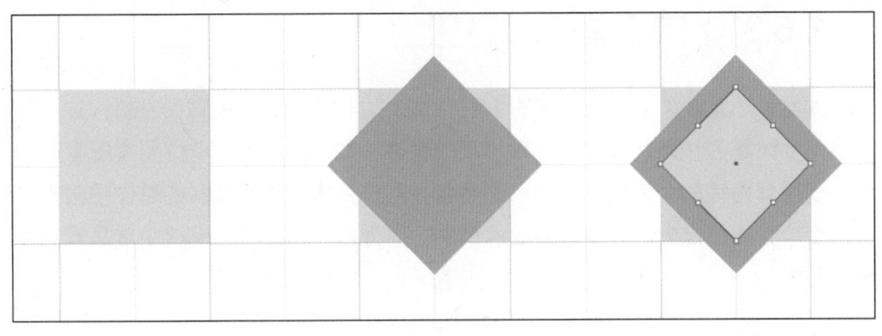

▲ 图1-118

步骤三 复制步骤二中最后生成的菱形并贴到前面，给它换个填充色，取消对齐网格功能，再原地原比例缩小它。

步骤四 全选4个对象，执行“路径查找器”中的“分割”，取消编组。用[Shift]键配合“黑箭头”加选田字格外已被分割出来的4个三角形，按[Delete]键删除它们，再把剩下的对象编组。见图1-119。

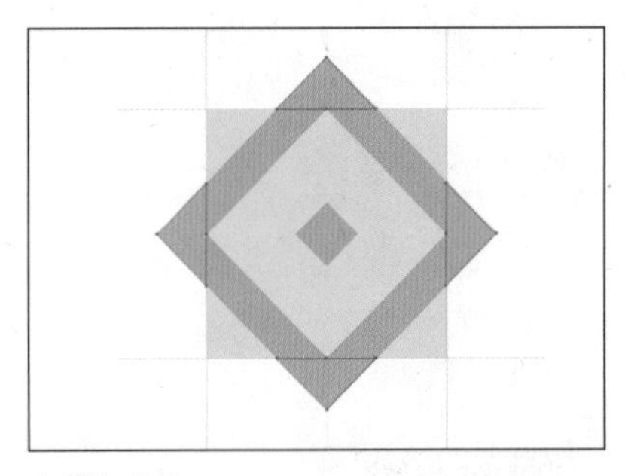

▲ 图1-119

步骤五 如图1-120，点击“色板”下的色板分类显示按钮，选择其中的“显示图案色板”。用鼠标点按住画面中刚才已编组的对象，直接拖至“图案色板”中（图1-121）。与上个练习不同，这次我们是用鼠标拖动的方式完成了定义图案。

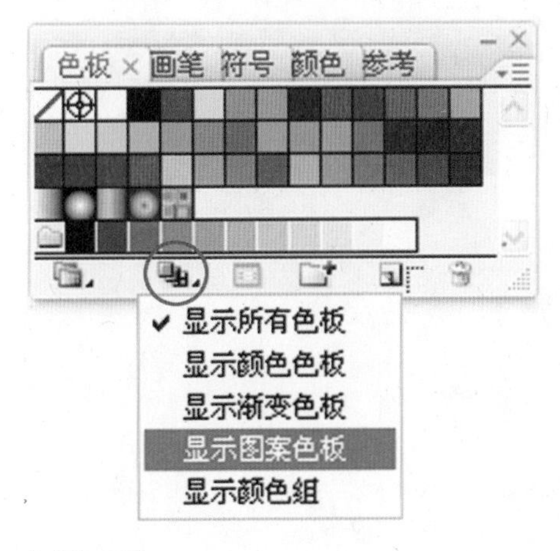

▲ 图1-120

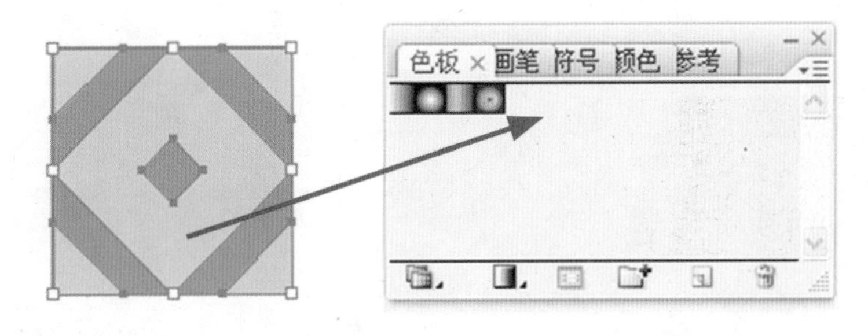

▲ 图1-121

步骤六 换“矩形工具”，把十字光标对准画板边界的左上角，单击鼠标，在弹出的矩形对话框中，设定宽、高都是16cm（图1-122），按“确定”，即生成与画板同大的矩形。鼠标点击“图案色板”中刚定义好的图案，满画板的矩形中就会充满菱形几何图案。

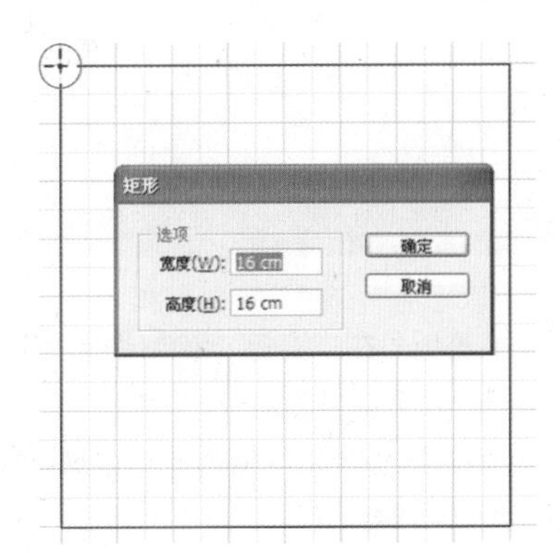

◀ 图1-122

1.5.3 间错五星

本案例图案效果是上下间错的（图1–123），以平面构成的理论分析，这个图案使用的既是非作用性骨格，也是作用性骨格。如果是前者，单位图案五星被安置在横竖骨格线的交叉点上。如果是后者，则是把本案例所绘制的单位图案安置在一个个骨格单位中进行四方连续的铺展，而骨格单位在Illustrator中就是我们设定的网格。

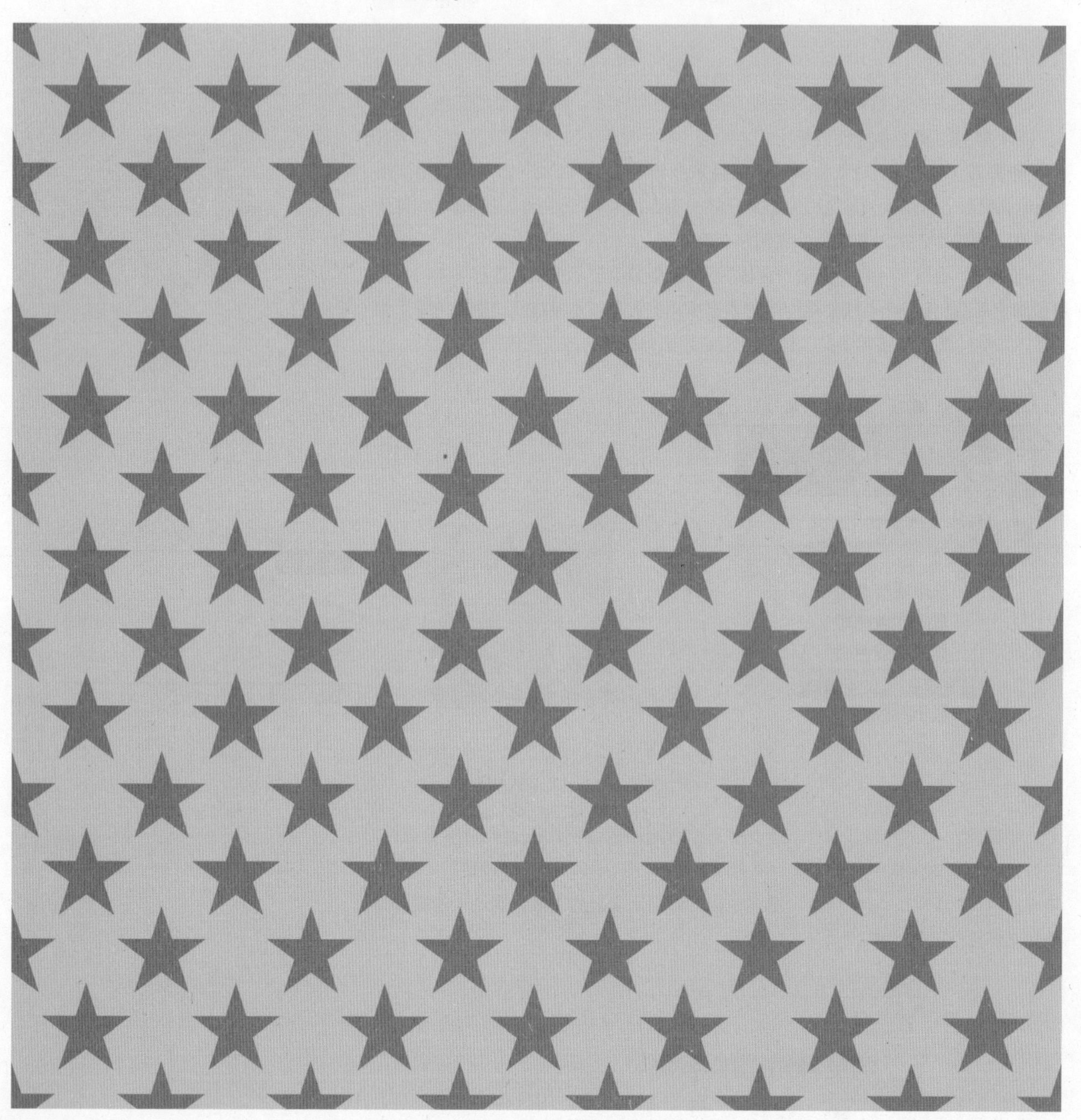

▲ 图1–123

步骤一 新建14cm × 14cm的画板。在“编辑”菜单/首选项/参考线与网格的对话框中，设定网格线间距为2cm、次分隔线为2，按“确定”后，显示网格。

步骤二 用“星形工具”光标对准一个田字格内的中心点，按[Alt+Shift]键配合绘制平肩正五角星，大小如图1–124所示。

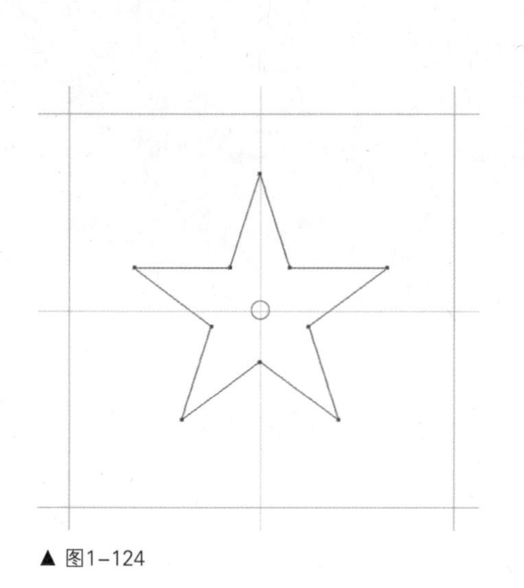

▲ 图1–124

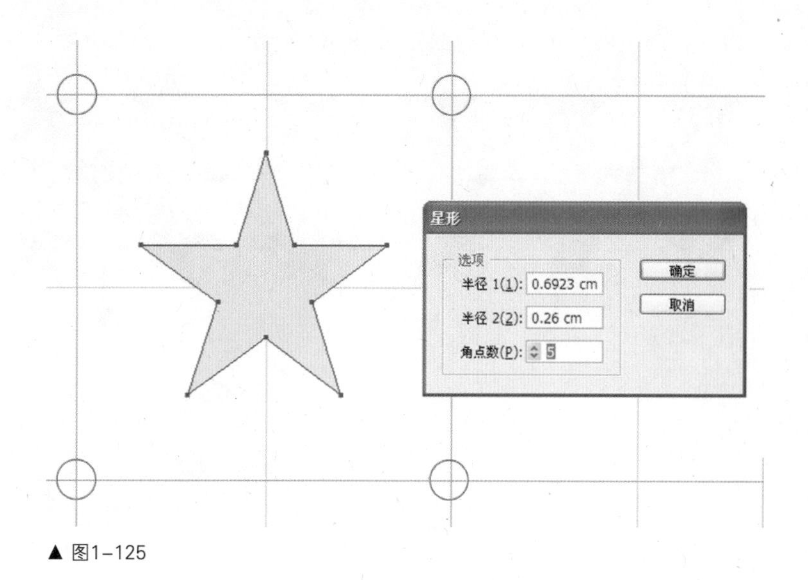

▲ 图1–125

步骤三 仍旧用“星形工具”的光标，先后分别对准田字格的4个角点单击鼠标，在弹出的对话框中直接按“确定”（图1–125），而不要改动任何参数，如此可以生成与第一个五角星完全相同的4个星形。

步骤四 激活“对齐网格”，绘制与田字网格等大的正方形。为它设定颜色值C20、M20、Y40、K0（图1–126），再把它排列到底层。选中5个五角星，给它们换颜色C0、M80、Y100、K0。效果见图1–127。

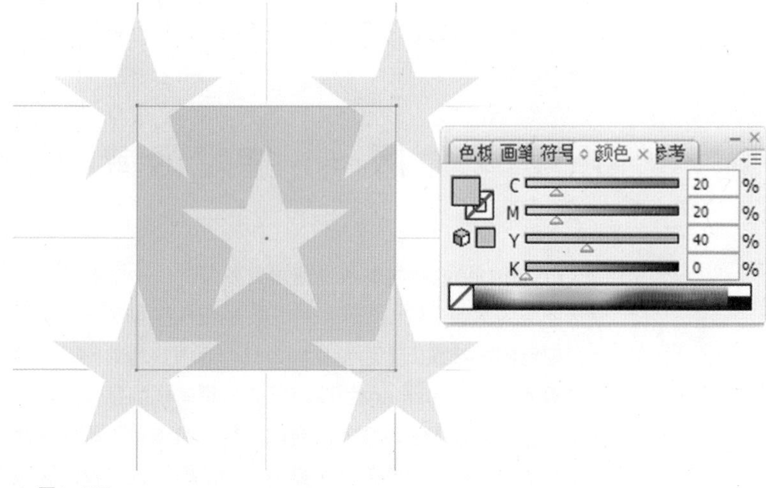

▲ 图1–126

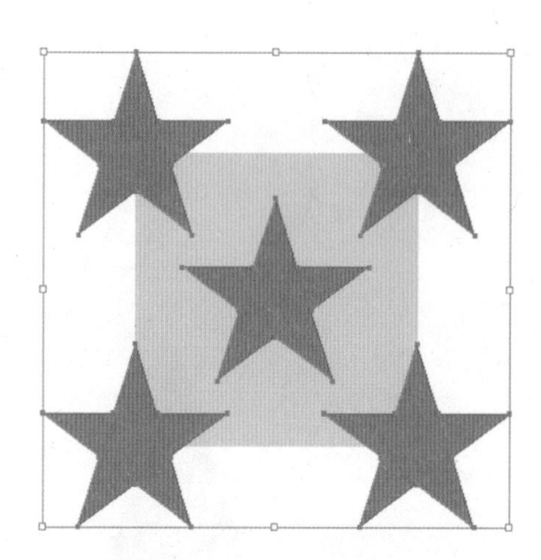

▲ 图1–127

步骤五 选中所有的五角星及正方形，执行“路径查找器”/分割，再取消编组。删除田字格外4个被分割出去的残缺五角星。把剩下的对象编组，用鼠标拖到“图案色板”中。见图1–128。

步骤六 用矩形工具绘制与画板等大的正方形，用新定义的图案填充正方形，我们看到生成的满版图案是上下间错的效果。

下面介绍另一种制作单位五星图案的方法。如图1–129所示：

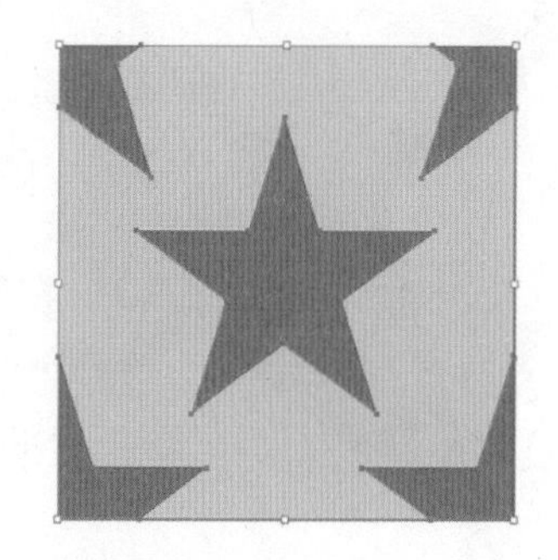

▲ 图1–128

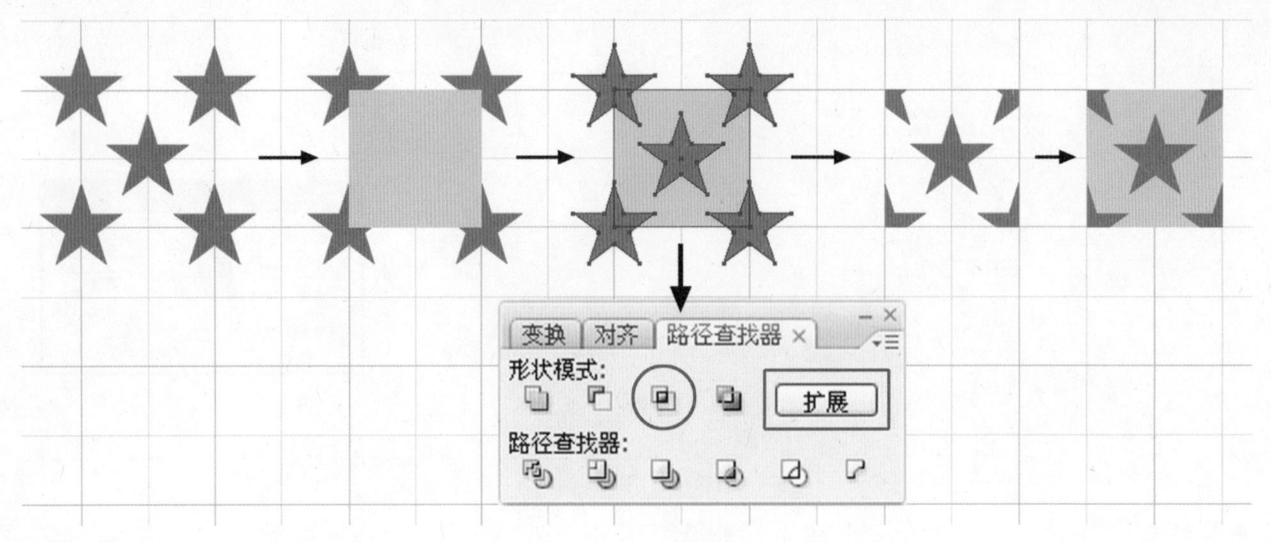

▲ 图1-129

同上面步骤二、步骤三，绘制出5个五角星后，对它们进行编组。开启“对齐网格”，绘制等田字格大小的正方形，并把它排列到底层，选中五角星对象组及正方形，执行“路径查找器”/相交、扩展（图1-129），结果保留了五角星对象组与正方形重合的区域而排除了非重合区域，这种图形“相交”的处理方式就是平面构成中两个图形“差叠”的处理手段。重新绘制一个等田字格大小的正方形，为其设色并置其于底层。再把这前后两个对象编组，用鼠标拖至“图案色板”中。

1.6 剪切蒙版——指定区域的隐形罩

Photoshop的图层蒙版是通过为图层制作一个选区来生成该图层的蒙版，就像把一块挖切好的纸板压盖在一个图片上，挖空的区域露出下面图片的局部，而图片的其他区域则被纸板所遮挡。llustrator的剪切蒙版也是同样的原理，任何一个压盖在其他图形对象上的封闭路径都可以作为剪切蒙版对下面的对象进行有选择的暴露与遮挡。有了这个指定区域的隐形罩，我们可以屏蔽掉不需要的图形图片区域，而随时又可以解除它以便继续编辑修改作品。对有些难于单独分割出来删除掉的图形对象局部，剪切蒙版就更是必不可少的好帮手。

1.6.1 五星中的五星

▲ 图1-130

初尝剪切蒙版，我们利用上一节的间错五星图案来作为被蒙蔽的对象。见图1-130。

步骤一 打开之前做的间错五星的图案作业，用“星形

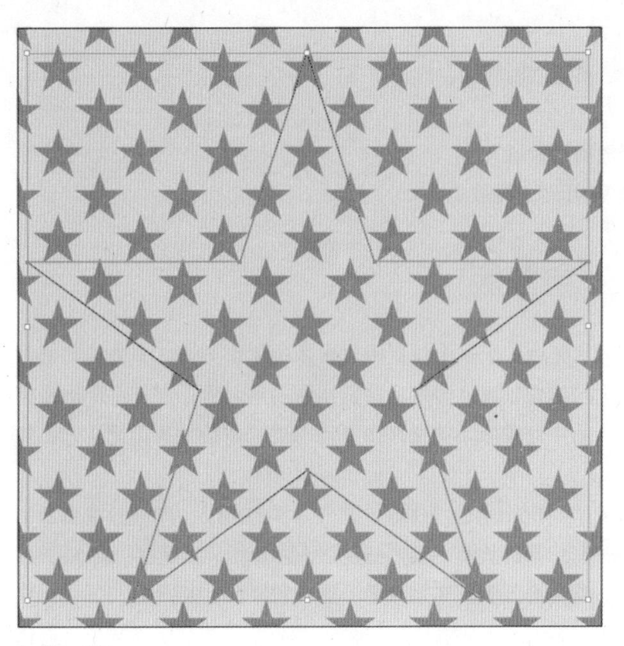

▲ 图1-131

▲ 图1-132

工具”在画面中画一个平肩的正五角星（图1-131），无需设定其颜色，“黑箭头”选中它及其后面的间错五星图案，在鼠标右键菜单中选择“创建剪切蒙版”，五星蒙版遮蔽五星图案的效果即生成（图1-132）。

步骤二 给已生成蒙版的五角星图案对象设定比较粗的描边，效果如图1-133所示。原地原比例缩小它，你会发现外围的五星蒙版缩小了，但其内部的五星图案的大小和外围五星描边的粗细却“原封未动”，怎样才能原比例缩放所有内容呢？

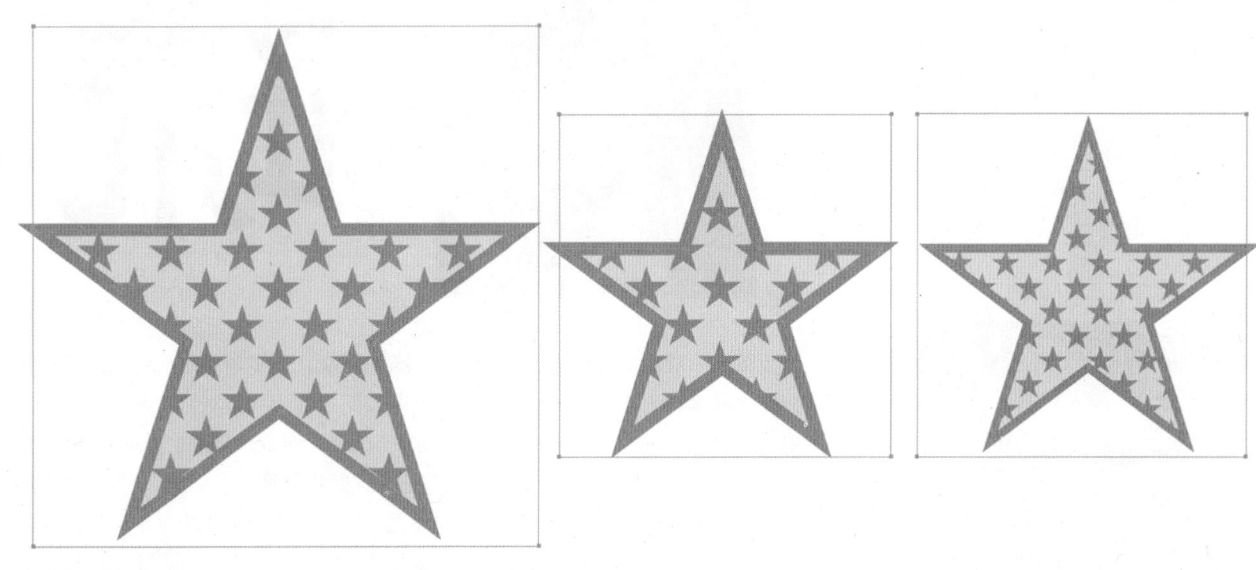

▲ 图1-133

现在执行[Ctrl+Z]取消上一步的缩小操作，恢复对象的原大，敲鼠标右键，选择快捷菜单中的“变换”/缩放，在弹出的对话框中，如图1-134进行设定。再次原地原比例缩小蒙版五星，这次图案大小与描边粗细都随整体对象进行了原比例缩小。 蒙版在上一步已经生成，这一步我们附加讲授了原比例缩放描边、图案、

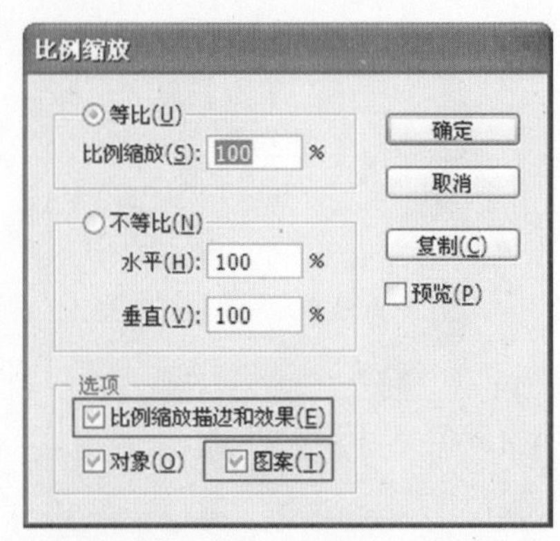

▲ 图1-134

效果的设定方法。

◆施加的剪切蒙版可以随时解除，方法有三：

◎热键[Alt+Ctrl+7]；

◎右键菜单"释放剪切蒙版"；

◎"对象"菜单/剪切蒙版/释放。

1.6.2 "蔬"字蒙版

图1–135所示案例的重点在于多个对象用作蒙版的制作方法，该方法需要在同类型的蒙版练习中进行强化训练，否则会经常出现的问题是，误把几个对象编组（而不是相加合并）后用作蒙版，结果是得不到想要的蒙版效果。记住，用作蒙版的只能是一个对象。

步骤一 新建15cm×15cm画板。执行"文件"菜单/置入–本书教学资源中"教学案例与素材\第一单元 基础教学\1.6裁切蒙板\蔬菜.jpg"。反复执行几次[Ctrl+减号]，缩小画板视图，能完整看到蔬菜图片后，旋转它并原比例缩小。

步骤二 用"文字工具"录入文字"蔬"，换"黑箭头"原比例放大它，再通过"文字"菜单/字体（或者热键[Ctrl+T]开启"字符"选项板）更换字体为"黑体"，并执行鼠标右键菜单中的"创建轮廓"（见图1–136，或者通过"文字"菜单/创建轮廓）。经创建轮廓的文字就不能更换字体了，因为它已经从文本属性转换成了图形属性。

▲ 图1–135

► 图1–136

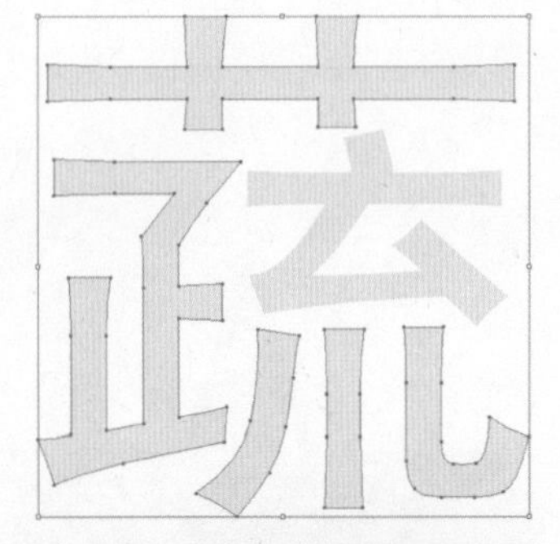

▼ 图1–137

▲ 图1–138

步骤三 对蔬字对象执行"路径查找器"/分割，再取消编组。现在蔬字对象被分解为可单独选取的六个部分了。如图1–137，用[Shift]键配合"黑箭头"加选其中的五个部分，执行"路径查找器"/相加，把五个分离的对象合并成一个对象。

步骤四 "黑箭头"框选住整个蔬字对象（现在是两部分组成），移至蔬菜底图上。现在要选中蔬字中已合并的对象（图1–138中蓝点标注的对象）和蔬菜底图后，用热键[Ctrl+7]（或者通过鼠标右键菜单）创建剪切蒙版。见图1–139。

步骤五 如图1–140所示，选中蔬字对象剩下的唯一可选部分，为其换白色填充。如果这个对象不易选中，就按热键[Ctrl+Y]切换到轮廓线画面显示状态下，点取它，再按[Ctrl+Y]恢复正常视图，为它换成白色填充。再绘制一个灰色的正方形，并排列到底层，蔬字的蒙版效果到此完成。

步骤六 最后尝试给蔬字对象做一个投影效果。选中蔬字的两个组成部分

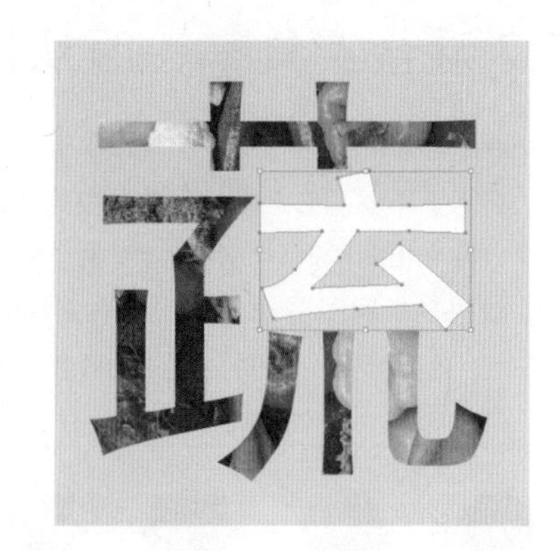

◀ 图1-139
▲ 图1-140
▼ 图1-141

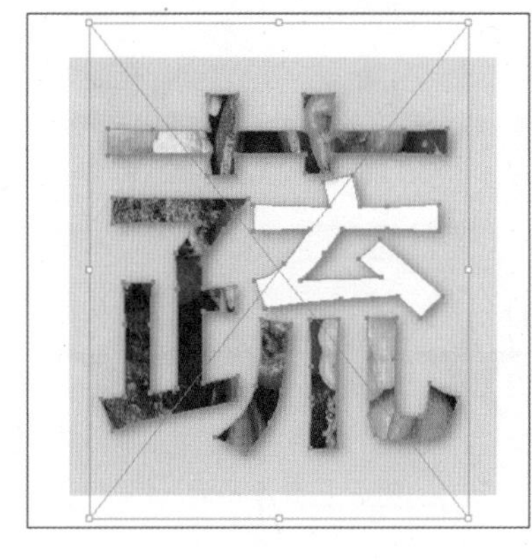

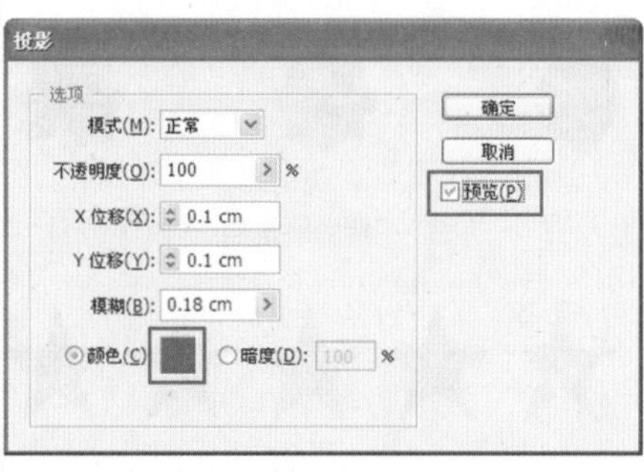

（笔划蒙版和白色对象），执行“效果”菜单/风格化/投影，如图1-141设定对话框后，确定。

通过“效果”菜单为图形对象施加的效果可以随时解除，在“视图”菜单中激活“外观”（[Shift+F6]）面板，如图1-142，选中要删除的效果，点击面板下方的“垃圾桶”即可。

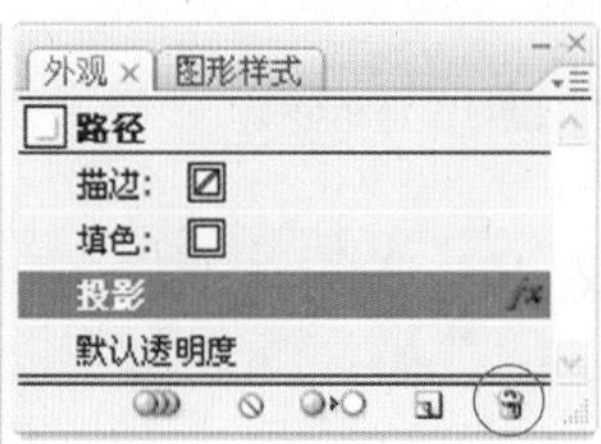

▲ 图1-142

◆用作裁切蒙版的路径对象必须是一个对象，通过编组绑定在一起的多个对象不能用作蒙版，因为它们并非合并为一个对象。

◆画面中图形对象较复杂时，可能会发生选择个别对象比较困难的情况。遇此，可以借助[Ctrl+Y]，在轮廓线的视图状态下，选择你需要的对象。但要随时用[Ctrl+Y]切换回原来的显示状态。

1.7 混合工具——服从指令的自动生成器

Illustrator的混合工具能实现以下混合效果（图1–143）:

◎两个不同图形之间的形态渐变的混合，其混合步数、间距皆可具体设定。

◎两个相同图形之间的指定步数、间距的图形复制效果的混合。

◎两个相同图形或者不同图形之间的颜色渐变的混合（注意比较“平滑颜色”与“指定步数、间距”造成的颜色渐变混合的区别）。

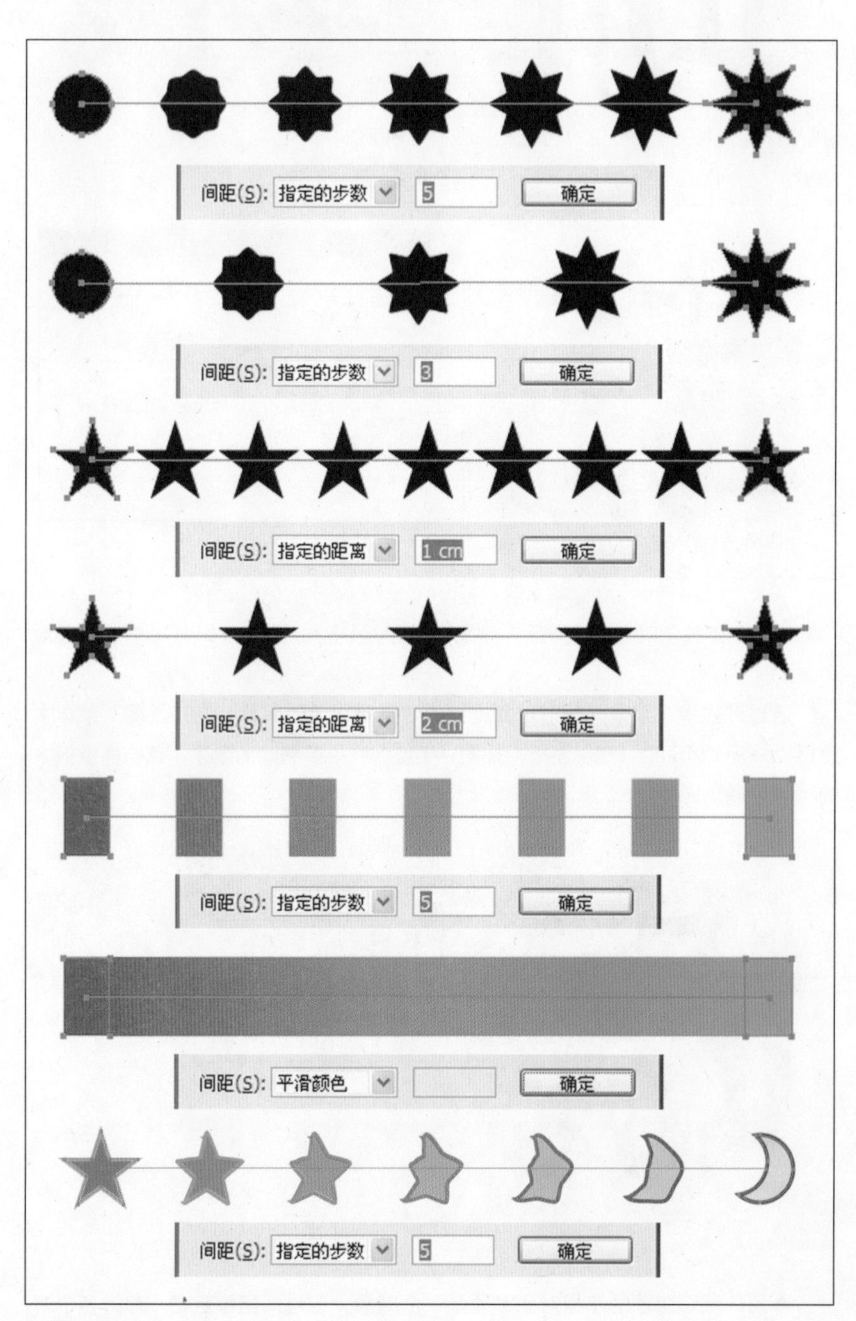

▲ 图1–143

1.7.1 放花筒

图1–144所示这个放花筒既是渐变构成（形态、大小、颜色）也是发射构成，只是相对于极坐标网格工具章节中所讲授的发射图形，这个花筒有着随意、生动的发射效果。制作这个放花筒我们会讲授：修改已生成的混合轴（增加锚点、调整曲度）；图形间指定步数的混合；图形在混合过程中“对齐路径”（随路径拧转）；给已生成的混合执行“替换混合轴”以及“反向堆叠”（反向图形压盖关系）操作。

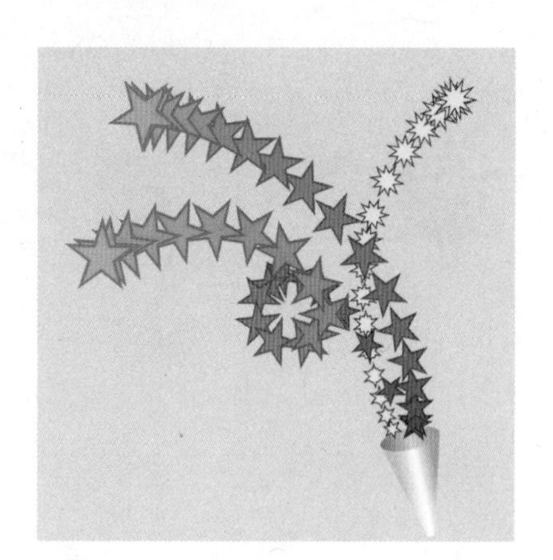

▲ 图1–144

步骤一 新建15cm×15cm的画板。用“星形工具”按标号顺序绘制一小一大两个平肩五角星。全选两个五角星，用鼠标双击工具箱中的“混合工具”，在弹出的对话框中，如图1–145设定混合“间距”、“参数”以及混合“取向”后，按“确定”。再执行[Alt+Ctrl+B]（或者“对象”菜单/混合/创建混合）。两个五角星以两点一线的方式生成直线混合轴。

▲ 图1–145

步骤二 用带加号的钢笔工具，在混合轴的中间位置添加一个锚点，再换“锚点转换工具”把它转换为曲线锚点，并适当移动位置、调整手柄，使整个混合轴成为弧线状态。见图1–146、图1–147。

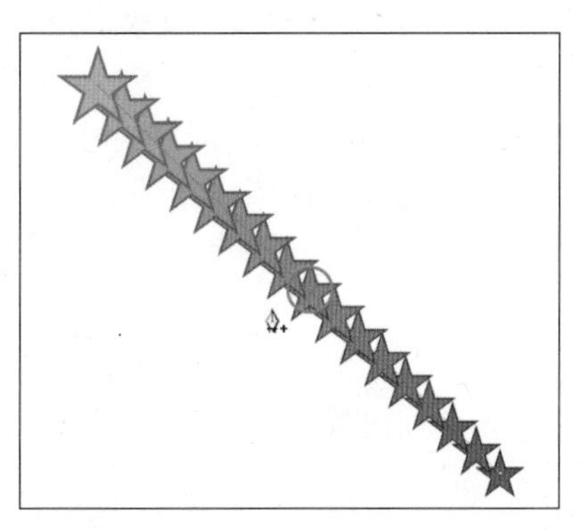

▲ 图1–146

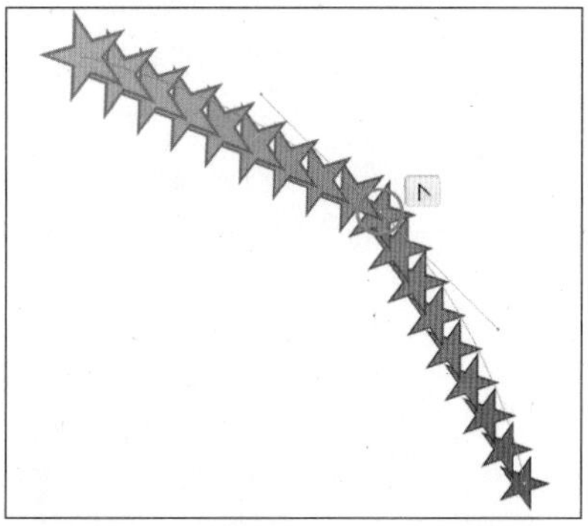

▲ 图1–147

通过步骤一、步骤二，我们尝试了修改已生成的混合轴，如同修改路径一样，可以给它增减锚点、调整曲度、转换锚点。

步骤三 再次按标号顺序绘制两个平肩五角星，在两个五星之间，用钢笔工具画一条绕圈的曲线路径（图1–148），注意设色为“无填色、无描边”。“黑箭头”加选这3个对象后，双击“混合工具”，设“指定的步数”参数为20、取向仍为“对齐路径”，“确定”后按[Alt+Ctrl+B]创建混合。

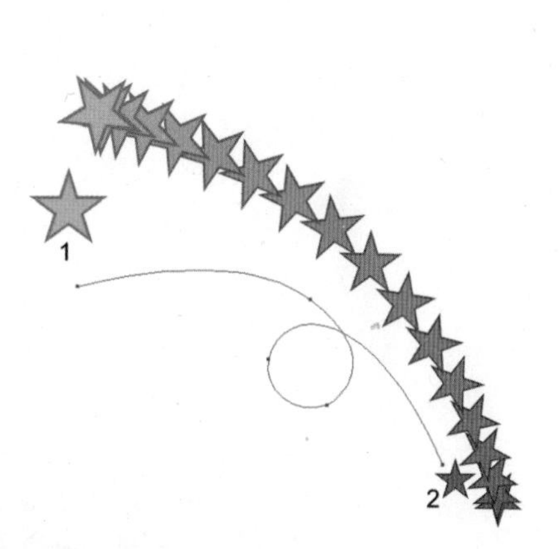

▲ 图1–148

▲ 图1–149

▲ 图1-150

比较上一个混合，能发现在混合轴上，后画的图形压盖着先画的图形。现在执行“对象”菜单/混合/反向堆叠，可以把混合后的图形压盖关系反向，第二个混合从小星压盖大星变成与第一个混合一样——大星压盖小星了。但在绘制大、小星形的次序上，却与第一个混合相反。见图1-149。

步骤四　用星形工具绘制两个多角星，一个是六角，一个是十角（星角数量的控制及星角长度的调整参见“1.1.3星形工具小实践”。）十角星的锋利尖角在“描边”选项板中设定（图1-150）。

把两个多角星在画面中一上一下安置好，双击“混合工具”，设“指定的步数”参数为16，取向为“对齐路径”，“确定”后创建混合。在已混合对象旁，用钢笔绘制一条弧线路径，注意设色为“无填色、无描边”。选中混合对象和路径，执行“对象”菜单/混合/替换混合轴，两点一线的混合轴即被弧线路径所替换（图1-151）。

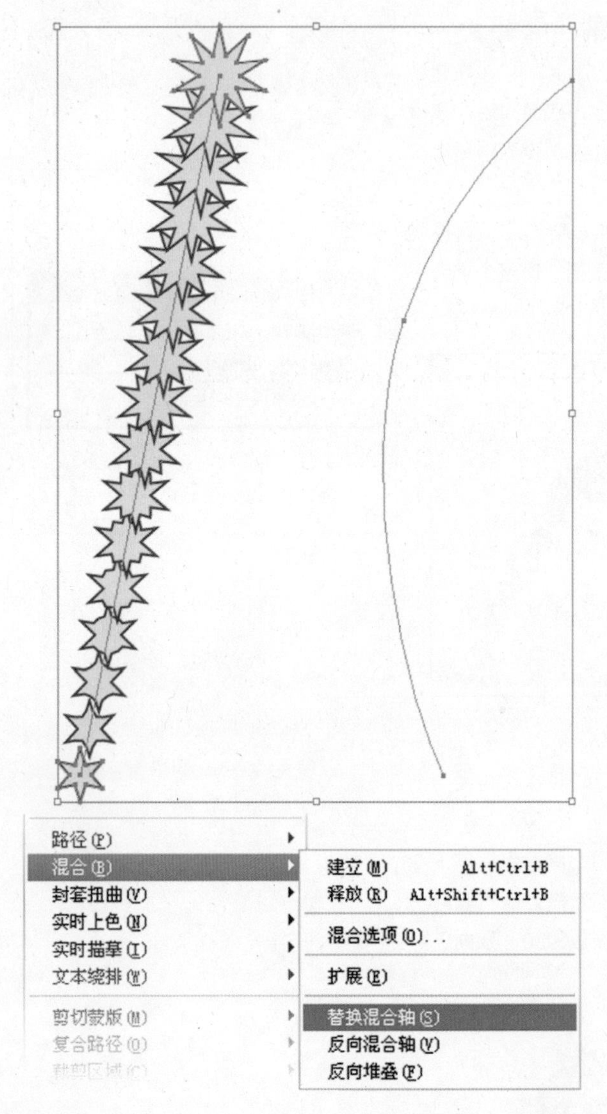

▲ 图1-151

◆用作混合轴的路径一定是无填色、无描边的状态。

步骤五　画一个矩形，灰度渐变填充，适当调整渐变效果（渐变色的编辑参见“1.1.1三个交通标识”）。换“自由变换”工具，光标对准蓝色定界框的右下角点后，先按住鼠标，再按住[Alt+Ctrl+Shift]热键组，如图1-152示意，平行移动鼠标，将矩形变换成倒梯形来生成一个锥筒状对象。

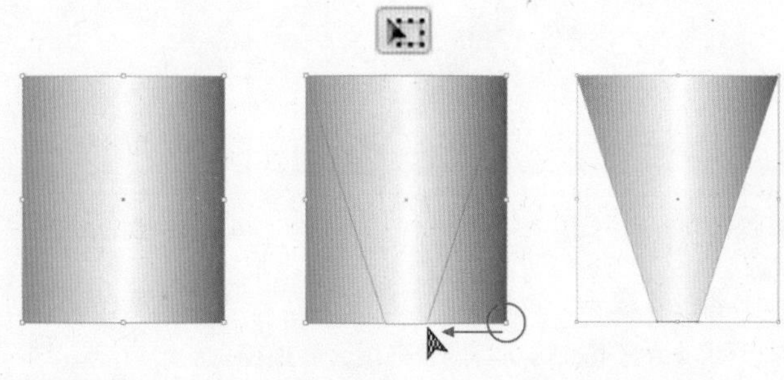

▲ 图1-152

参见图1-153，再画一个椭圆，渐变填充。与锥筒状对象对齐后，选中两个对象，移至画面中。最后，调整画面中诸对象的上下排列关系，效果以图1-144为准。

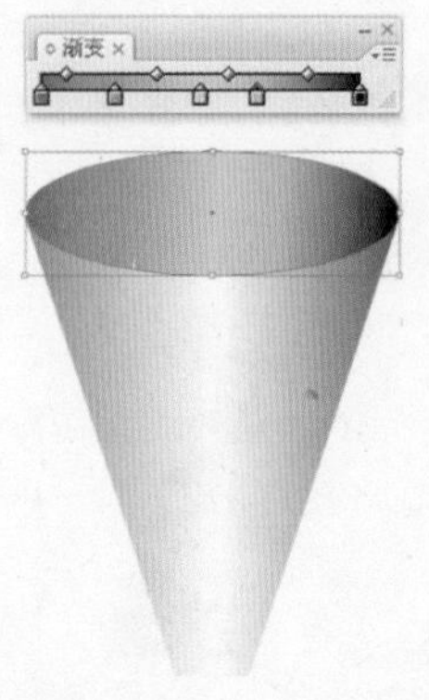

▲ 图1-153

1.7.2 笑脸8000

混合工具可以生成平面构成中渐变构成的不同种类的渐变效果。图1–154所示案例制作的是形状和颜色双元素的渐变。教学内容将涉及：用剪刀工具剪裁路径；热键调整圆角矩形的圆角半径；图形在混合过程中“对齐页面”（不随路径拧转）。

▲ 图1–154

1.7.2.1 “8”—— 圆笑脸压盖方笑脸（逆时针）

步骤一 新建1cm×3cm的画板，绘制出两个笑脸：一个圆形、一个方形（图1–155），并存储为“笑脸.ai”。

▲ 图1–155

步骤二 另外新建10cm×20cm画板，绘制一个正圆并垂直移动、复制它，使两圆交错如数字8。再对两个圆进行合并、展开（图1–156）。

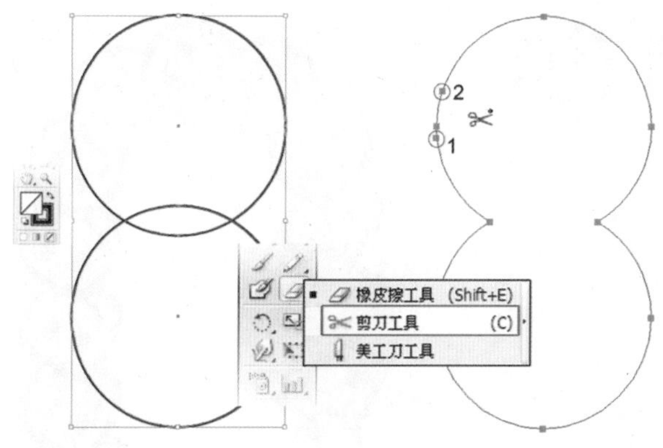

▲ 图1–156

步骤三 用“剪刀工具”在如图1–156所示的路径位置上，按数字顺序先后单击鼠标，剪裁出1和2两个锚点。用“黑箭头”选中这截被独立剪出的路径，按[Delete]键删除。

步骤四 从“笑脸.ai”中把笑脸对象复制、粘贴过来。注意，先复制、粘贴方形笑脸，后复制、粘贴圆形笑脸。

步骤五 把双圆路径的描边取消，保证它无填色、无描边。用“黑箭头”选中两个笑脸和双圆路径后，双击工具箱中的“混合工具”，设定混合选项中“指定的步数”为16，取向为“对齐路径”，“确定”后执行[Alt+Ctrl+B]创建混合（图1–157）。

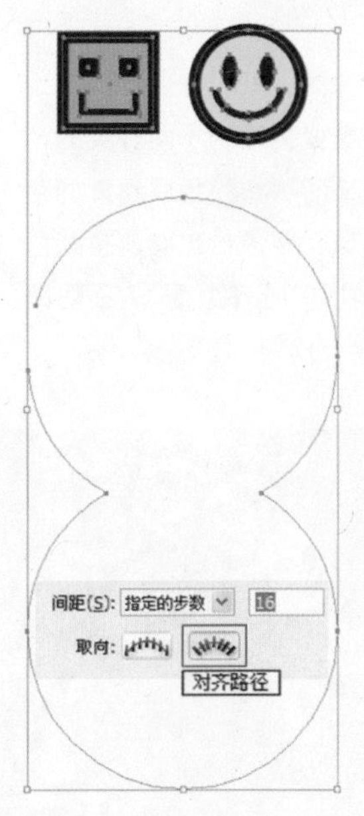

▲ 图1-157

我们看到的混合效果是：后复制、粘贴过来的圆形笑脸被默认为后生成的对象，它对应在先剪裁的锚点1上，锚点1被默认为开放后的双圆混合轴的起始点，而先生成的方形笑脸被默认为先生成的对象，它对应在结尾处的锚点。后生成的圆形笑脸在混合轴上以渐次堆叠的关系压盖先生成的方形笑脸。

1.7.2.2 第一个“0”—— 圆笑脸压盖方笑脸（顺时针）

步骤一　用“圆角矩形工具”绘制一个如图1-158所示的圆角矩形。注意：矩形的圆角半径可以在按住鼠标拖动绘制的过程中配合键盘上、下箭头来改变。

步骤二　用“剪刀工具”在如图1-158所示的路径位置上，按数字顺序先后单击鼠标，剪裁出1和2两个锚点。用“黑箭头”选中这截被独立剪出的路径，删除。

步骤三　从“笑脸.ai”中把笑脸对象复制、粘贴过来。注意，先复制过来方形笑脸，后复制过来圆形笑脸。

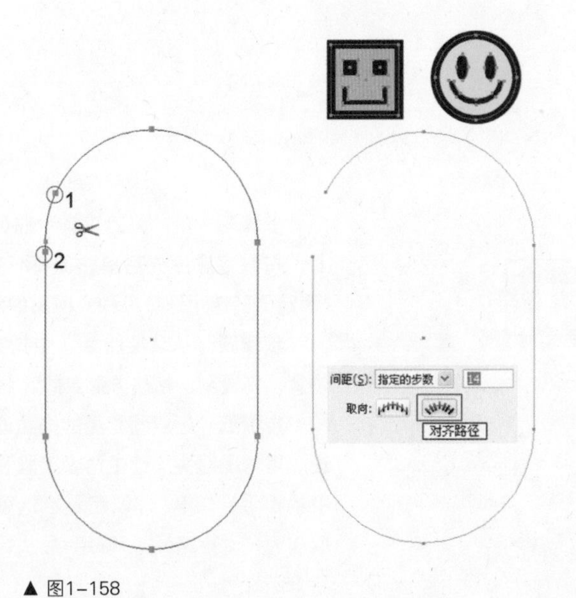

▲ 图1-158

▲ 图1-159

步骤四 确认双圆路径为无填色、无描边。选中两个笑脸和双圆路径后，设定混合选项中“指定的步数”为14，取向为“对齐路径”（图1–158），“确定”后创建混合。

这一次剪裁路径的锚点位置不变，但剪裁顺序相反，所以开放后的圆角矩形混合轴的起始点、终止点也互换了位置。混合效果仍是后生成的圆笑脸压盖先生成的方笑脸，但混合方向扭转为顺时针（图1–159）。

1.7.2.3 第二个“0”—— 方笑脸压盖圆笑脸（顺时针）

步骤一 再绘制一个圆角矩形。用“剪刀工具”在如图1–160所示的路径位置上，按数字顺序剪裁出1和2两个锚点后，删除这段剪出的路径。

步骤二 从“笑脸.ai”中把笑脸对象复制、粘贴过来。注意，这次先复制过来圆形笑脸，后复制过来方形笑脸。

步骤三 确认双圆路径为无填色、无描边。选中两个笑脸和双圆路径后，按[Alt+Ctrl+B]创建混合。这次的混合选项设定与第一个0相同。

与第一个“0”相比，这一次剪裁路径的锚点位置不变，剪裁顺序不变，但两个笑脸生成的先后顺序不同，即先复制过来圆形、后复制过来方形，所以混合效果是后生成的方笑脸压盖先生成的圆笑脸，混合方向仍为顺时针。

小实验：现在对第二个“0”混合对象执行“对象”菜单/混合/反向混合轴，能看到混合轴的起始点、终止点被互换了，后生成的方笑脸与先生成的圆笑脸也自然互换了位置。而对应在起始点的方笑脸是歪头倾斜的效果。

特别注意：以上我们制作的3个笑脸混合，都是混合轴起始点上的笑脸为水平端正的状态。如果两个图形在“对齐路径”的设定下生成混合后，再通过“反向混合轴”、“反向堆叠”来修改混合状态的话，混合图形的扭转效果有可能会非你所需。

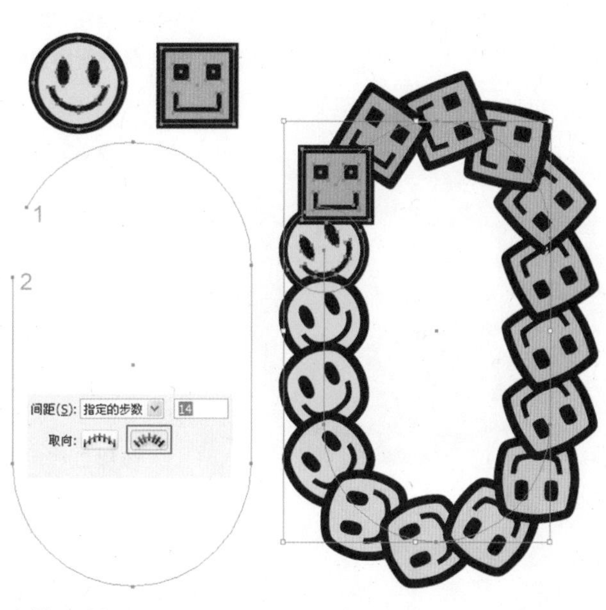

▲ 图1–160

1.7.2.4 第三个“0”——方笑脸压盖圆笑脸（逆时针）

步骤一 再绘制一个圆角矩形。用“剪刀工具”在路径上按数字顺序剪裁出1和2两个锚点。删除被剪出的路径。

步骤二 从“笑脸.ai”中把笑脸对象复制、粘贴过来。先复制过来圆形笑脸，后复制过来方形笑脸。

步骤三 确认双圆路径为无填色、无描边。选中两个笑脸和双圆路径后，在混合选项中设定“指定的步数”为14、取向为“对齐页面”，“确定”后，创建混合（图1–161）。

与第二个“0”相比，这一次两个笑脸生成的先后顺序不变，剪裁路径的锚点位置不变，但剪裁的先后顺序颠倒，所以混合效果仍是后生成的方笑脸压盖先生成的圆笑脸，混

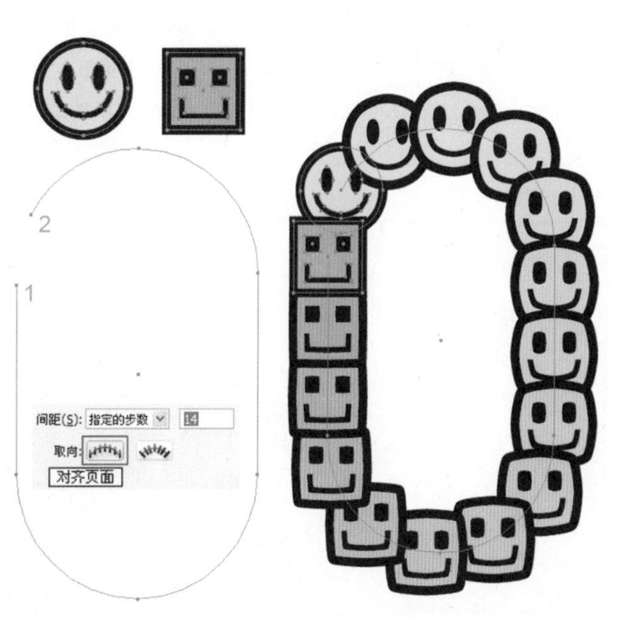

▲ 图1–161

合方向扭转为逆时针（图1–161）。

两个不同造型对象之间的形态渐变混合的原理：

◆后生成的混合图形对应在混合轴路径的起始点，先生成的混合图形对应在终止点。

◆一个封闭路径剪裁为开放路径后，可以用作混合轴。剪刀工具剪裁出的第一个锚点为混合轴的起始点，剪裁出的第二个锚点为混合轴的终止点。

◆通过“对象”菜单/混合/反向混合轴，可以互换混合轴的起始点、终止点。

◆混合后的图形压盖关系服从之前图形生成的先后关系。后生成的图形压盖先生成的图形。通过“对象”菜单/混合/反向堆叠，可以反向两个混合图形的压盖关系，但在“对齐路径”的混合设定下，“反向堆叠”会拧转图形的方向，那有可能不是你所需要的效果。

1.7.3 七彩光碟

▲ 图1–162

相对于光盘的真实效果，本案例（图1–162）在盘孔及其相连的透明圆环处做了简化处理，如果追求逼真效果的话，还需要使用渐变网格工具。这个练习将涉及平滑颜色的混合、透明度面板的混合模式、路径文字的教学。

步骤一　新建15cm×15cm画板。激活标尺，抻拉出一横一竖两根参考线，十字交叉在画板的中心，可以按热键[Ctrl+加号]放大画面，以便看清楚7.5cm的标尺位置。

步骤二　用“线段工具”对齐如图1–163所示的红三角标注的参考线位置，配合[Shift]键画出垂直线段，描边粗细可为2pt或3pt。

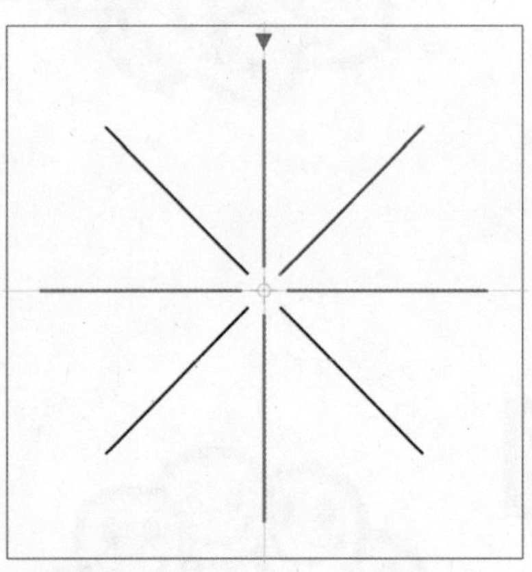

▲ 图1–163

步骤三　换“旋转工具”，按住[Alt]键，光标对准参考线交叉点，单击鼠标，在“旋转”面板中设定角度为45°，“确定”后，执行6次[Ctrl+D]，自动生成另6根线段。分别给8根线段设定颜色，基本按照光谱色顺序即可。见图1–164。

步骤四　双击工具箱上的“混合工具”，在“混合”选项中选择间距为“平滑颜色”，确定后，按[Alt+Ctrl+B]生成混合，生成的七彩光盘缺少1/8（即第8根至第1根线段）的颜色混合，此时用混合工具先后对准第8根、第1根线段的外端锚点单击鼠标，即可封合完成混合效果。见图1–165。

步骤五　以参考线十字交点处为圆心，绘制出一个大圆，再执行[Ctrl+C]、[Ctrl+F]原地复制、粘贴大圆，换“黑箭头”，原比例原地缩小刚复制的圆形。用[Shift]键配合加选大圆和小圆，执行“路径查找器”/相减、扩展。做出的就是即将用做剪切蒙版的对象（图1–166）。

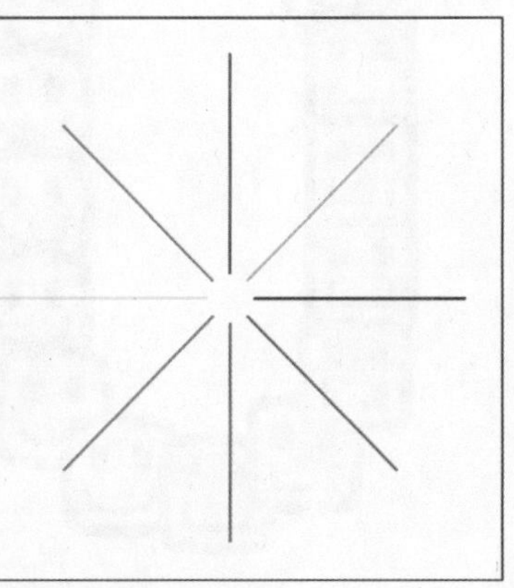

▲ 图1–164

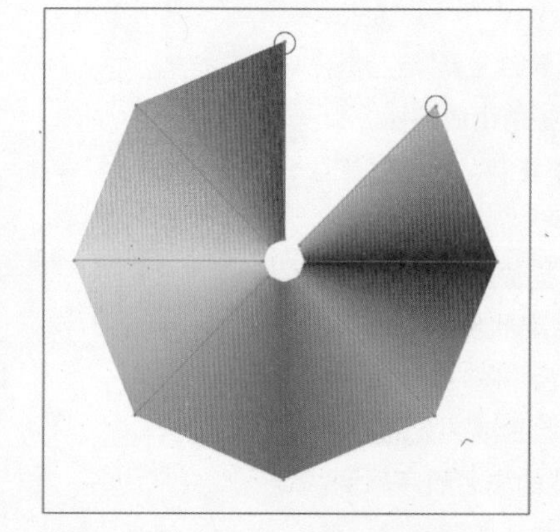

▲ 图1–165

▲ 图1–166

注意：如果是先画的小圆，后做的大圆，要从大圆减去小圆，就必须执行“路径查找器”/减去后方对象。

步骤六 选中画面中的两个对象（混合对象和双圆），单击鼠标右键，在菜单中选择“建立剪切蒙版”。

步骤七 以参考线十字交点处为圆心，画一个圆形，设色为“无填色、黑色描边”，描边粗细约为2pt。执行“对象”菜单/扩展。为扩展后的圆环设定灰度渐变色（图1–167）。

步骤八 重复上一步操作，再制作一个灰度渐变的圆环。圆环大小如图1–168中蓝色圆圈所示。

步骤九 再绘制一个圆形，大小参见图1–168中红圈所示，设色为“无填色、白色描边”，描边粗细约为5pt。再在“透明度”面板中为其选择“混色模式”为“柔光”。

步骤十 方法同步骤九，再制作一个紧靠光盘圆周的白色描边、“柔光”混合模式的圆环（图1–169）。

步骤十一 最后一步，制作一圈路径文字。先画一个圆形，大小如图1–170中红圈所示。换“路径文字工具”，光标在圆形路径上单击鼠标，当文本插入光标闪烁时，输入数字、文字等。换“黑箭头”工具，路径文字对象即被确定，最后再为其设定“柔光”的混色模式。效果见图1–171。

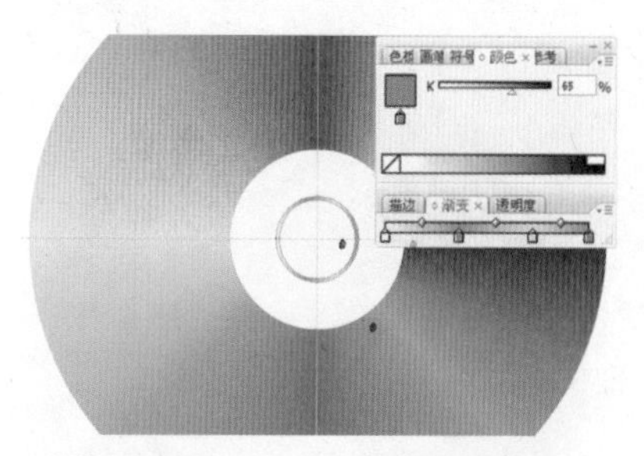

▲ 图1–167

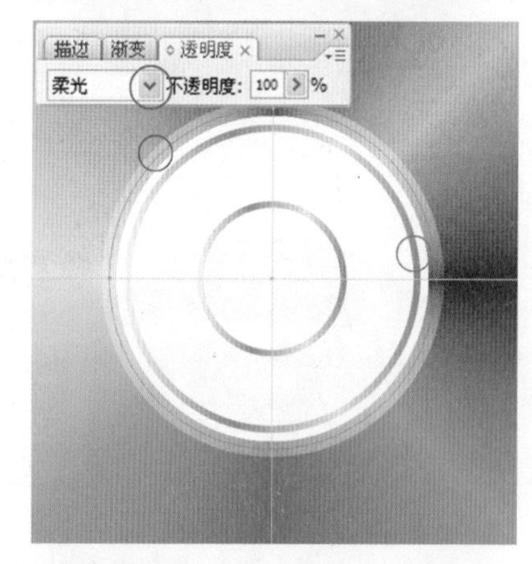

▲ 图1–168

▲ 图1–169

▲ 图1–170

▲ 图1–171

1.8 渐变网格——点化光影与质感的魔网

“渐变网格工具”神奇地把贝塞尔曲线和渐变色填充结合在一起，通过调整贝塞尔曲线的方式来编辑渐变网格的节点、手柄以及为节点赋予不同颜色，来生成细腻丰富的色彩渐变。熟练掌握渐变网格的使用编辑技巧是需要一个过程的，这个过程没有捷径可走，需要循序渐进，从绘制造型简单的物体开始，逐渐深入到结构复杂的对象。这需要耐心与信心，在实践中积累经验。我们在一些优秀矢量商业插图的画册中，看到的那些令人叹为观止的作品，诸如跑车、乐器、食品、风景、植物花卉、人物等，它们写实的造型、逼真的质感与色泽完全能与照片媲美，甚至相对于摄影作品更具备一种纯净超拔的超写实魅力。如果你想成为一名出色的矢量商业插图作者，这些优秀的作品就是你努力的方向。如能将“渐变网格”与上一节学习的“颜色混合”综合使用、有机结合的话，神奇的光影与质感将在你的鼠标点化下，亦幻亦真地呈现。

▲ 图1-172

1.8.1 彩胶球

初试渐变网格一定要从彩胶球这样的简单对象开始（图1-172），否则好高骛远会严重挫伤你掌握渐变网格工具的信心。本练习将讲授渐变网格的创建、白箭头与套索工具编辑调整节点（位置和颜色）。

步骤一　新建10cm × 10cm画板。用椭圆工具画一个正圆，可以按图1-173中的CMYK参数为它设定颜色。

步骤二　执行“对象”菜单/创建渐变网格，在渐变网格对话框中，开启“预览”，网格行数、列数按图1-173中所示设定即可。

◆贝塞尔曲线和渐变网格线的区别见图1-174、图1-175。

步骤三　图1-176中红圈圈选的节点是用“白箭头”分别选中后，在“颜色”面板中调整CMYK值来取得颜色的细腻渐变。圆周上所有节点的颜色也都需要调整。而“套索工具”的功用正如图1-176所示意，可以大范围圈选节点，然后再集体设定这些被选中的节点的颜色。

大家可以把本书教学资源中的“教学案例与素材\第一单元基础教学\1.8渐变网络\彩胶球.ai”打开，用“白箭头”分别选中球上的每一个网格节点，参考它们在“颜色”面板中的CMYK参数值，来完成自己的彩胶球。另外，尝试用“白箭头”选中已经设定好颜色的网格节点，移动其位置及调整手柄，看看在颜色不变的情况下，渐变效果会有什么样的变化。

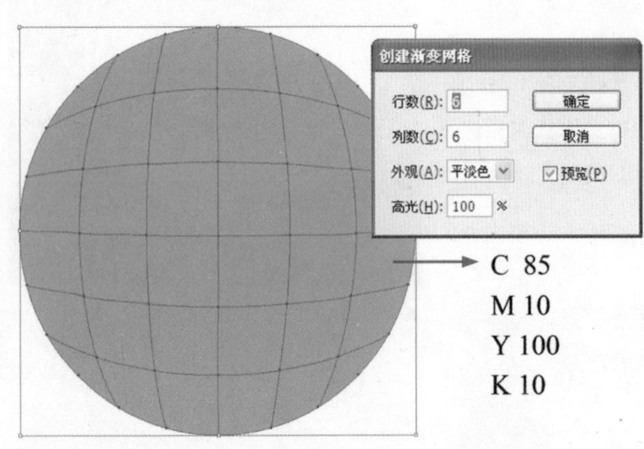

▲ 图1-173

比较贝塞尔曲线和渐变网格线

两者虽然看起来有些相似，但区别又是显而易见的：

路径锚点的手柄负责调整路径的形态，而网格线上节点的手柄负责编辑调整渐变颜色。

路径上的每个曲线锚点附带 1~2 个手柄，而网格线上的节点附带 2~4 个手柄（在网格线交汇处的节点会有 3 个或 4 个手柄），这意味着一个节点有几个手柄就可以在几个方向上控制色彩过渡的方向与距离。

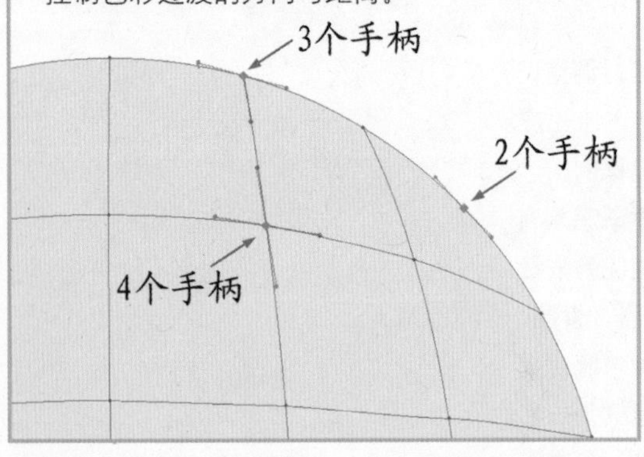

▲ 图1-174

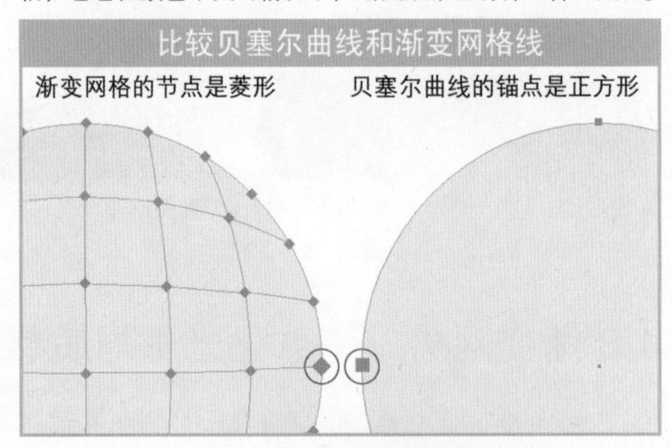

▲ 图1-175

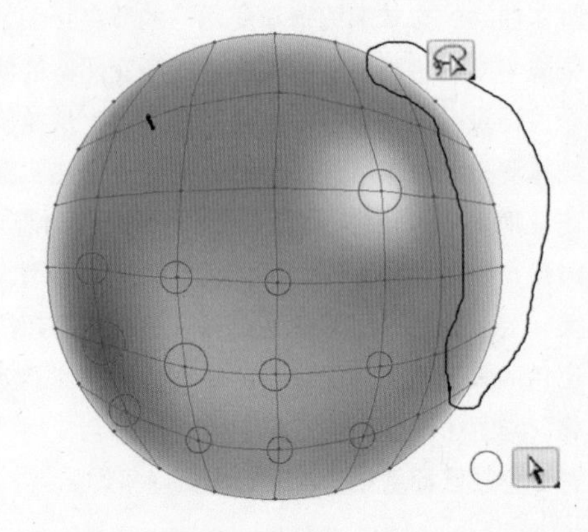

▶ 图1-176

1.8.2 国旗飘飘

▲ 图1–177

怎样在有图形或图案的对象上生成渐变网格效果，使之产生体量变化、明暗色调呢？本案例（图1–177）讲授通过正片叠底的方式为国旗对象施加光影变化的渐变网格，以及热键删减网格节点和网格线。

步骤一 新建15cm×20cm的画板。先绘制出一面平展端正的五星红旗（图1–178左图）。

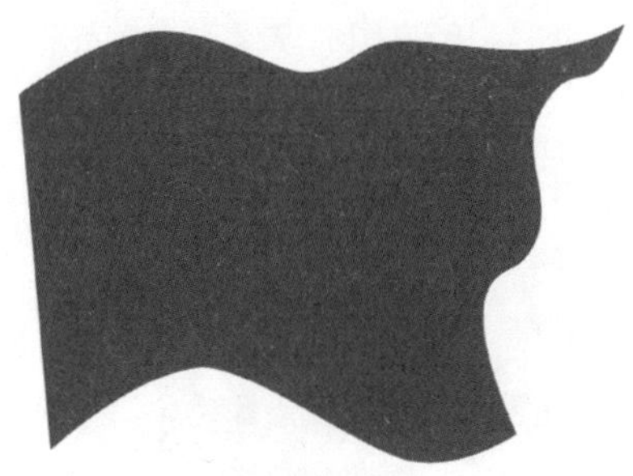

▲ 图1–178

步骤二 用钢笔工具绘制一个飘扬的旗形对象，颜色设定为深红色（图1–178右图）。注意，在做第三步前一定要对这个旗形对象进行备份，即再复制、粘贴出一个。

步骤三 选中五星红旗和一个飘扬的旗形对象，执行“对象”菜单/封套扭曲/用顶层对象建立，平展的五星红旗即扭曲适配到飘扬的旗形对象中。现在，把上一步备份出来的那个飘扬的旗形对象“排列/置于顶层”，再选中它和刚才封套扭曲的五星红旗，执行“对齐”选项板/水平居中对齐、垂直居中对齐。见图1–179。

▲ 图1–179

步骤四 在“透明度”选项板中，为深红色的飘扬旗形对象设定“混合模式”为“正片叠底”。之后，在工具箱中选择“网格工具”，手工为旗形对象添加网格。图1–180中所示的3个黄圈处的节点，是先后用网格工具点击生成的，每单击一次鼠标，即添加一个节点，每个节点附带一横一竖两条网格线，这一横一竖网格线又会与其他网格线交叉而生成新的节点。

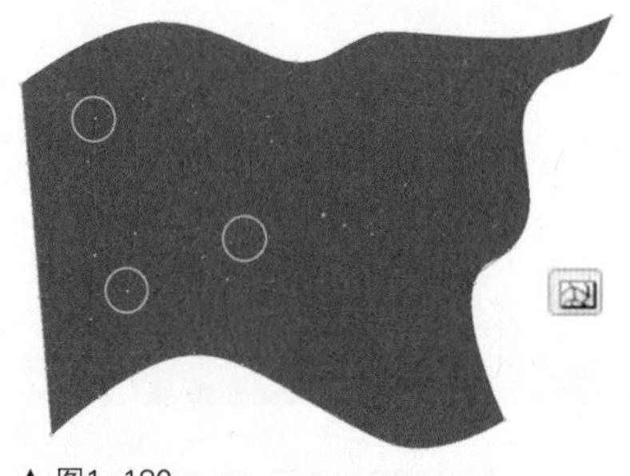

▲ 图1–180

注意，“网格工具”在对象边缘路径上单击的话，只会生成一条网格线。

◆[Alt]键配合“网格工具”可以点击删除不想要的网格线。

◆[Alt]键配合“网格工具”可以点击删除不想要的节点，该节点附带的一横一竖两条网格线也随之删除。

◆在调整网格节点颜色的过程中，如果需要再为该网格添加节点，用[Shift]键配合“网格工具”点击添加，将会以原先的填充色来设定新节点的颜色，否则将会以当前填充色来为新增加的节点设色。

◆用白箭头点击任何一个网格单元内部，将同时选中该网格4个边角的节点。

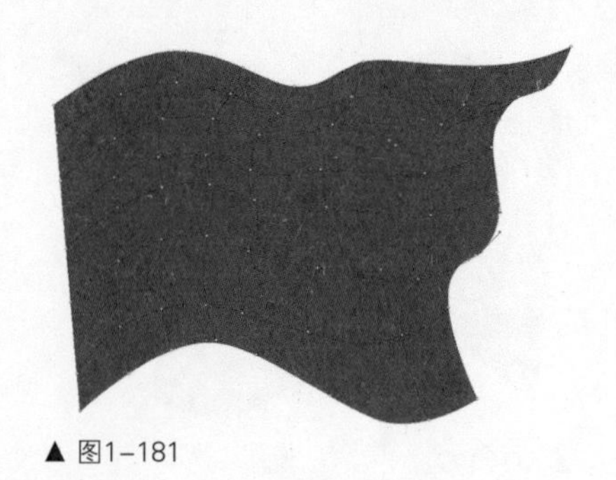

▲ 图1-181

◆在“颜色”面板调整节点的CMYK或RGB参数时，按住[Ctrl]或[Shift]键拖动其中一个滑块，将使全部滑块绑定按比例同时移动，即在不改变色相的前提下提高或者降低颜色的明度和纯度。

最终的网格状态可参照图1-181，横竖网格线及节点的位置要与旗子飘动的凹凸起伏的结构相贴合。

步骤五　用“白箭头”、“套索工具”选择节点进行颜色编辑。大家可以把本书教学资源中的“教学案例与素材\第一单元基础教学\1.8渐变网络\国旗飘飘.ai”打开（图1-182左图），查看并参考各节点的颜色设定。

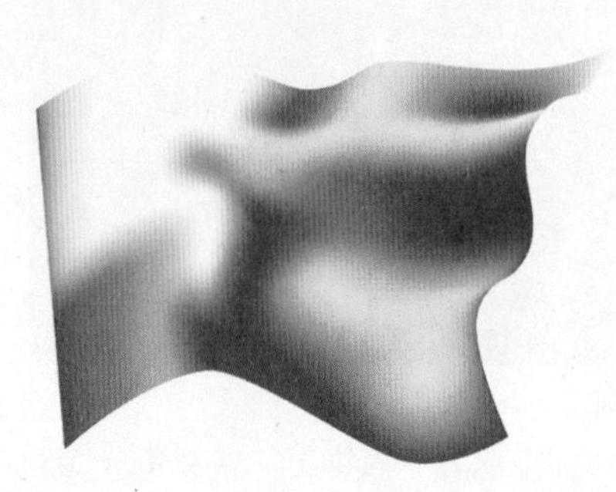

▲ 图1-182

如果把编辑好颜色的渐变网格对象移动到一旁，它的真实面貌是如图1-182右图所示的样子，因为它的混色模式为“正片叠底”，所以，只有把它从五星红旗对象的上方移开，才能一睹它的真容。

在这个“国旗飘飘”练习中，我们之所以运用相同外形的对象、上下正片叠底在一起的方式来制作渐变网格的效果，是因为扭曲封套后的五星红旗无法编辑出网格渐变的效果，所以通过给相同外形的飘动旗形对象设定编辑渐变网格，使之如胶片影像般与下方飘动的五星红旗叠加在一起，以生成光影与质感。

1.9 符号喷枪——单一又多变的信手涂鸦

符号工具是绘制群簇类图形对象的神奇工具，它能够像变戏法般地制作出一片树林、一片草地、一群游鱼，等等。在工具箱中把“符号工具”的隐藏工具板分离出来（见图1-183），能看到一个“符号喷枪”以及七个符号编辑器。“符号喷枪”能大面积地喷绘出单一的图形符号，用其他七个符号编辑器能对已喷出的符号进行移位、紧缩、缩小或放大、着色、旋转、滤色（透明度）、施加图形样式的细加工。

“青青草坡”是本章节唯一的教学案例（图1-184），除了“符号样式器”外，讲解了其他所有符号编辑器的使用。更多的符号创作与喷绘，请大家自行创作实践。

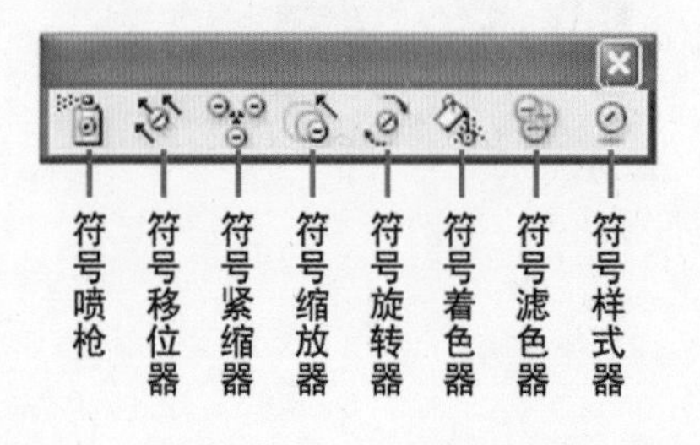

▲ 图1-183

步骤一　新建15cm × 10cm的画板，用“钢笔工具”画一棵小草，可以画几根分散的叶子再给它们编组。用“黑箭头”把这棵草拖动到“符号”面板中，或者按热键[F8]，在弹出的创建符号对话框中，如图1-185设定，符号名称可自定义，确定后，创建的小草符号就出现在“符号”面板中了，而同时画面中小草的路径消失，因为它已经是符号对象了。

符号对象还可以被重新转换为贝塞尔曲线图形，这在“1.5 定义图案”章节中已经讲过，如果对符号小草执行面板下方的“断开符号链接”，小草就断开与符号面板的关联，又转换为路径对象了。

▲ 图1-184

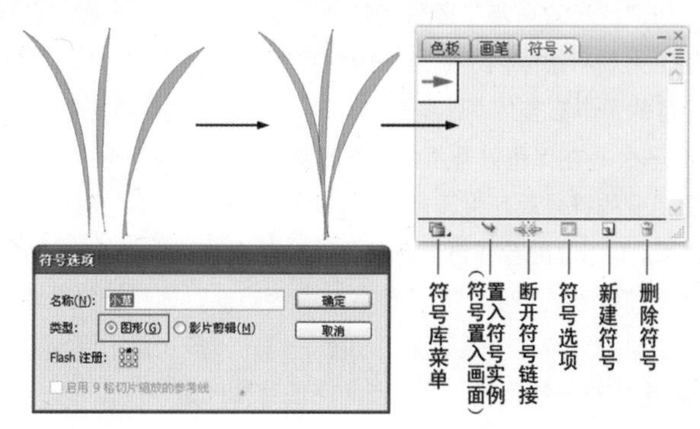

▲ 图1-185

步骤二 删除画面中的小草符号。我们尝试从“符号”面板中选择置入符号对象，单击面板中刚创建的小草符号，再执行选项板下方的“置入符号实例”，小草符号即被置入到画面中（或者用鼠标把它从“符号”面板中直接拖到画面中）。目前小草的大小就是“符号喷枪”即将喷绘出的小草尺寸，如果觉得它在画板中尺寸过大或偏小，可以在喷绘前适当缩放它。但执行缩放后，要在画面中保留它，之后的喷绘才会接受它改变的尺寸。

我们现在用“符号喷枪”，在画面中按住鼠标上下左右移动，小草即源源不断地生成，喷绘的面积和效率与喷笔尺寸有关。

方括号键“]”是增大“符号喷枪”口径的热键。

方括号键“[”是减小“符号喷枪”口径的热键。

按住[Alt]键配合“符号喷枪”在草丛中点击可以删减已生成的符号对象。

◆“]、[”是所有8个符号工具增加、减小直径的热键。

◆[Alt]键是除了“符号旋转器”以外的所有符号工具的减小或减弱效果的热键。

步骤三 用“符号移位器”来移动调整画面中局部草丛的位置。在草丛局部按住光标拖动，即可移动部分小草。注意：用热键“]、[”调整移位器口径大小来比较对小草移位会有什么影响。

双击符号工具板中的任何一个工具按钮，都会弹出“符号工具选项”对话框，如图1-186。“符号喷枪”以及除了“旋转器”外的其他六个符号编辑器都有相应的热键操作方式，集中在[Alt、Shift]键上，大家在接下来的步骤中可自行查看并尝试。

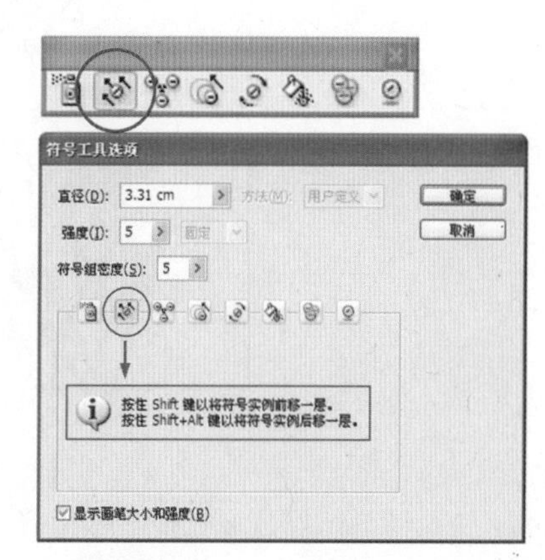

▲ 图1-186

步骤四 用“符号紧缩器”来调整草丛的疏密度。把光标对准想要收紧密度的草丛区域，持续按住鼠标，会看到草丛密度收紧的变化，松开鼠标即完成缩紧操作。另外按住鼠标拖动，会定向操控草丛往指定方向密集。反过来，如果要加大草丛的间隙，则把光标对准想要减小密度的草丛区域，同时持续按住鼠标和[Alt]键即可。

步骤五 用“符号缩放器”来调整草株的大小。把光标对准想要放大的草丛局部，持续原地按住鼠标或者适当拖动即可放大“符号缩放器”口径范围内的草株。注意比较：改变“符号缩放器”口径大小对草株缩放产生的影响。

在“符号工具选项”对话框中可以设定是否“等比缩放”和“调整大小影响密度”；[Alt]键配合“符号缩放器”可以缩小草株。

步骤六 用“符号旋转器”适当调整个别草株的倾斜方向，这样能使这片草丛更加生动自然。

步骤七 用“符号着色器”适当调整个别草株的颜色。可在“色板”面板中选择现成的颜色为草丛边缘的个别草株施加黄色、浅绿色，为草丛密集处的草株施加深绿色，目的是丰富整体草丛的颜色层次、创造真实自然的色彩变化。

“符号着色器”是在保留符号原始明度的基础上改变其色相或纯度，因此，具有极高或极低明度的符号颜色会改变很小，而“符号着色器”对黑色或白色符号则完全不起作用。[Alt]键配合“符号着色器”可以恢复草株之前的颜色状态。

步骤八 用“符号滤色器”来调整草株的透明度。把光标对准需要变透明的草株区域，单击鼠标即可使之透明度（明度）提升，多次点击鼠标可累积提升透明度。[Alt]键配合“符号滤色器”可以反向降低草株的透明度。

图1–187是步骤一至步骤八喷绘编辑的一片草丛的效果。

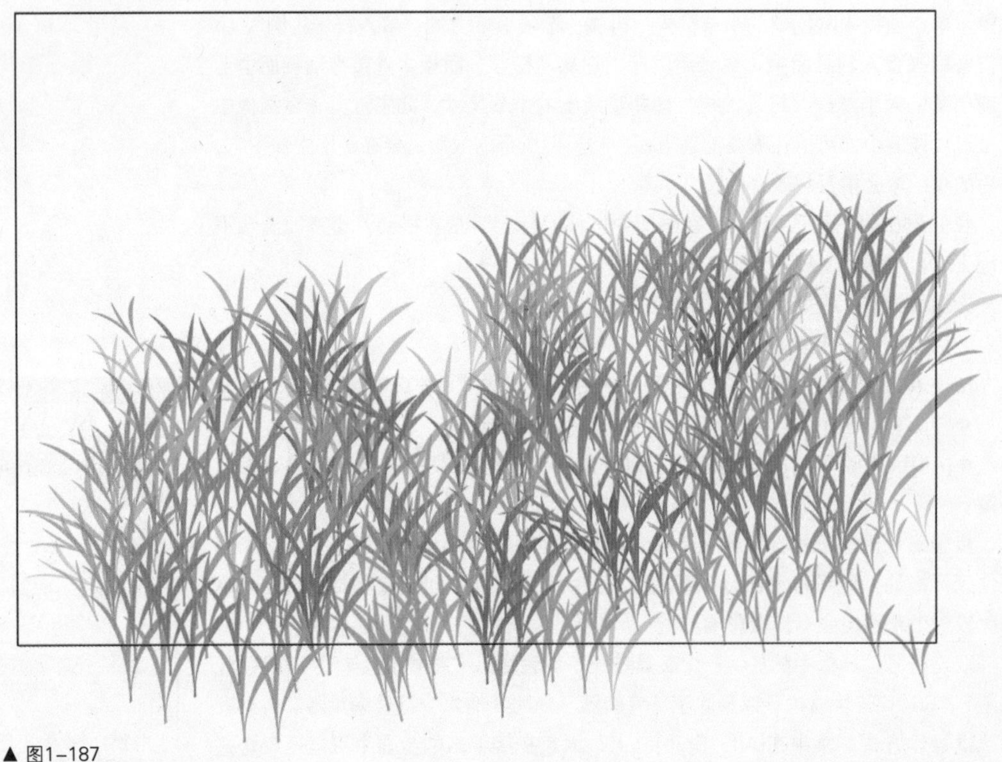

▲ 图1–187

步骤九 通过“对象”菜单把草丛对象隐藏。现在要绘制一个草坡，在画板上绘制如图1–188所示的对象，用[Alt]键移动备份出一个，为它们设定一深一浅不同的绿色，再选中这两个对象执行“平滑颜色”的混合。

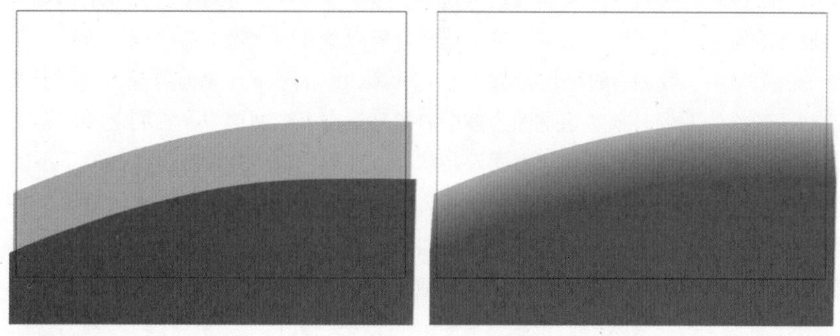

▲ 图1–188

步骤十 在“对象”菜单中显示刚才隐藏的草丛对象，把草丛对象排列到顶层后，再如图1–189移动、复制出一份。用矩形工具画一个等画板大小的矩形，现在画面中共有四个对象——背景草坪、两片草丛、大矩形。全选这4个对象，创建剪切蒙版，青青草坡则绘制完成。

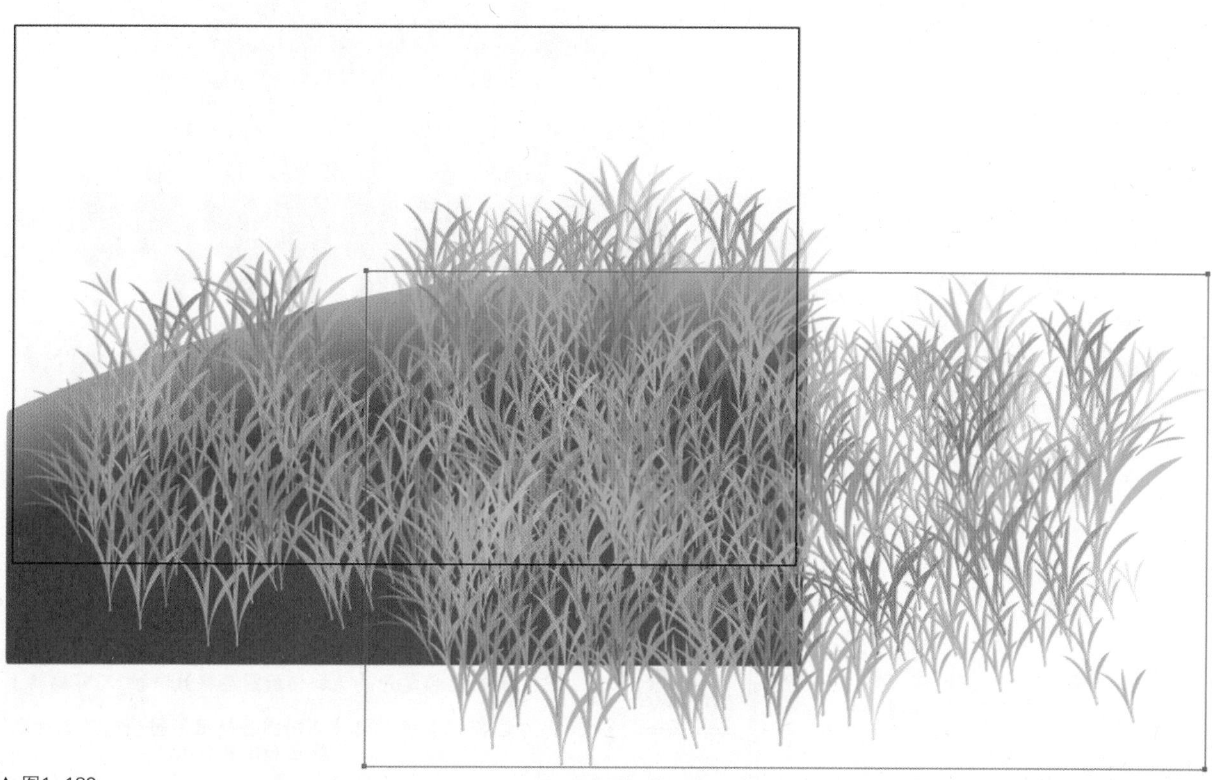

▲ 图1–189

1.10 图层面板——图形管理的抽屉柜

同Photoshop一样，Illustrator也有图层面板。当画面中图形对象的数量较多、编辑状态比较复杂时，图层面板就像是一个能提供有序保管对象、分层编辑处理对象的抽屉柜，它能让你快速准确地选择目标对象并为之施加各种编辑效果。在之前的教学中，我们有时采用轮廓状态（热键[Ctrl+Y]）显示画面内容，以便于点选难于选择的图形对象。正是因为多个对象密集在一个图层中，它们之间相互压盖遮挡，加上不同对象应用了不同设色状态以及局部蒙版处理等操作造成了不能快而准地选择对象。而运用了图层面板，就能清晰地观察不同图层内的对象，并针对单一图层进行编辑，或者在多个图层之间进行交互编辑处理，各图层上下压盖关系可以按你所需来随时调整它们之间的次序。

以图1-190这幅队列人形练习为例，可以把它分三个图层管理：人形方阵、影子、地面。通过其图层面板，我们看到三个图层的压盖关系（图1-191）。

▲ 图1-190

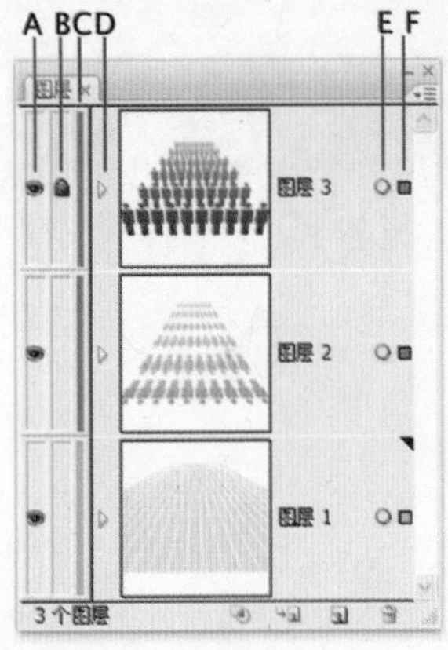

A 图层可视开关（关闭"眼睛"可隐藏图层）

B 图层锁定开关（加锁后图层将被保护，不可编辑）

C 路径颜色标记（不同图层使用不同颜色显示对象路径和定界框）

D 图层展开按钮（点击可展开图层内对象）

E 目标按钮（点击为双圈时可对应"外观"面板显示目标对象被施加的各种编辑效果）

F 对象选择标识（指示图层内对象被选中）

▲ 图1-191

1.10.1 七彩矩阵

数量众多的小正方形分两组呈矩阵排列，并且两组矩阵整体施加七彩渐变，这个呈图案效果的七彩矩阵图（图1–192），在制作过程中集中体现了图层面板的使用与编辑技巧，教学内容还涉及矩形网格工具的使用。

步骤一 新建15cm×15cm的画板。选择“矩形网格工具”（隐藏在“线段工具”中），光标对准画板边界的左上边角点，单击鼠标，在弹出的对话框中参照图1–193设定参数。“确定”后，为生成的矩形网格设定为“不填色、描黑边”，描边粗细为17pt。

▲ 图1–192

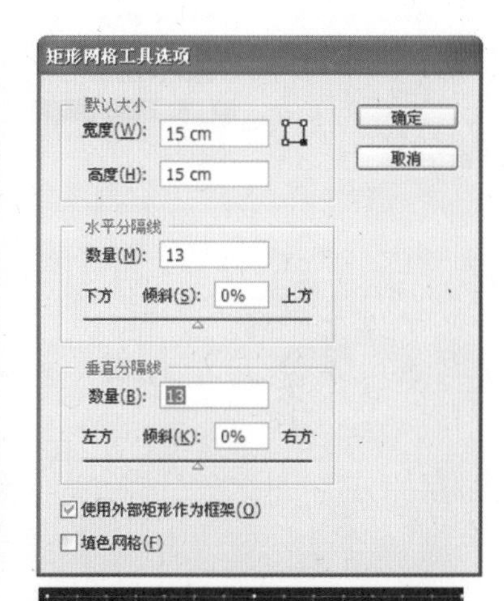

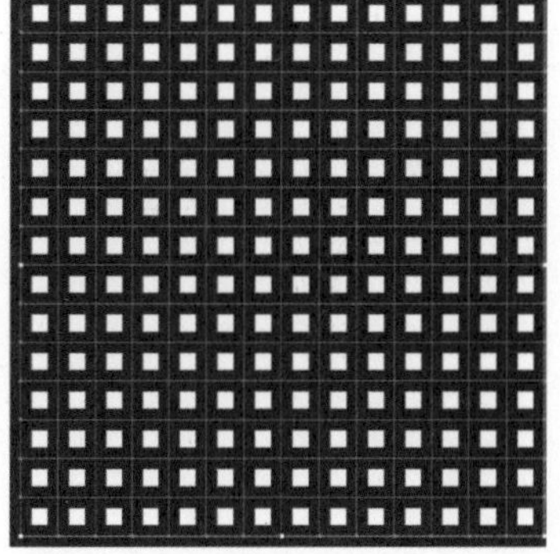

▲ 图1–193

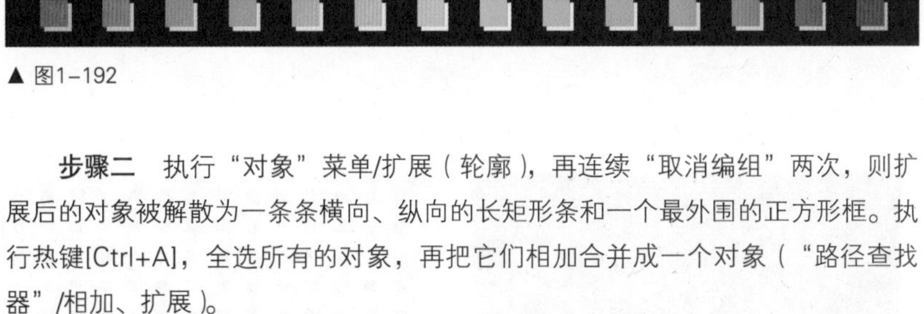

步骤二 执行“对象”菜单/扩展（轮廓），再连续“取消编组”两次，则扩展后的对象被解散为一条条横向、纵向的长矩形条和一个最外围的正方形框。执行热键[Ctrl+A]，全选所有的对象，再把它们相加合并成一个对象（“路径查找器”/相加、扩展）。

步骤三 目前画面中只有一个图层，之后我们会建立多个图层。为了能直观地在图层面板中看清楚图层内容，可以把图层缩略图的尺寸调大。如图1–194，点击出“图层”面板的菜单，在“面板选项”对话框中，设定“行大小”的参数后“确定”。“行大小”的自定义参数范围在12~100。

步骤四 参见图1–195，点击“图层”面板下方的“创建新图层”按钮，新建空白的“图层2”。用光标按住红圈处“图层1”的“对象选择标识”（缩略图最右侧的蓝色小方块），再按住[Alt]键配合鼠标往上拖动至红箭头的位置（“图层2”的“对象选择标识”处），释放鼠标、热键，即把“图层1”的内容复制到“图层2”。

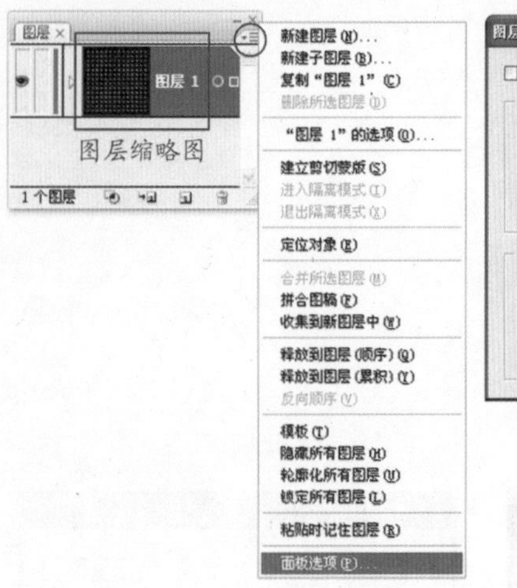

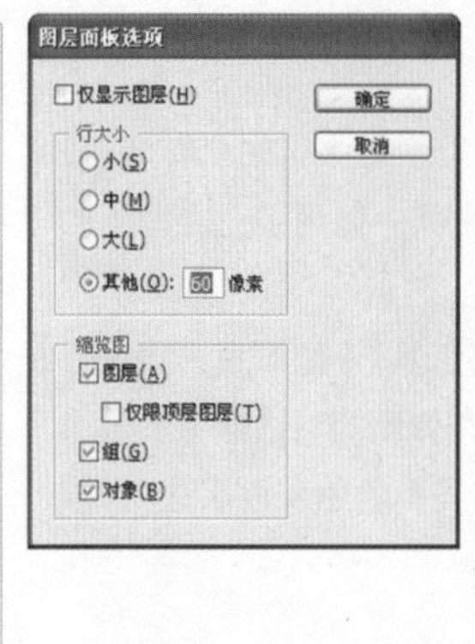

▲ 图1-194

▲ 图1-195

之所以要备份"图层1"的内容，是为避免之后的操作失误而预留一个可随时重新启用的基础图形对象。

◆[Alt]是图层之间移动、复制对象的热键。

步骤五　在画面中对准上一步复制出的对象单击鼠标右键（即图层2中的矩形格，它是红色路径显示），在右键菜单中选择"释放复合路径"，对象被分解为一个大正方形和数量众多的呈矩阵排列的小正方形，我们选择大正方形，给它换个颜色。见图1-196。

再用"魔棒工具"点击任意一个小正方形，即选中矩阵排列的所有黑色小方形。紧接着创建一个新图层"图层3"（图1-197），然后把光标对准"图层2"的"对象选择标识"（缩略图最右侧的红色小方块），按住它往上拖至"图层3"的"对象选择标识"的位置，释放鼠标，即把所有小方形移动到图层3了。注意："图层2"中现在只剩下一个灰色的大正方形。

步骤六　给"图层3"中的矩阵小方形整体填充渐变色。渐变色编辑好后还可以点击"色板"面板下方的"新建色板"按钮，把它存储在色板中。但此时渐变会以一个个小方形为填充单位，执行"路径查找器"/相加、扩展，就能以整体矩阵为渐变填充对象了。

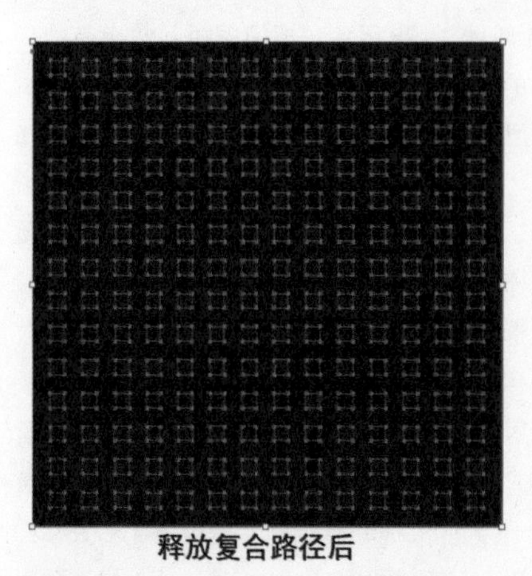
释放复合路径后

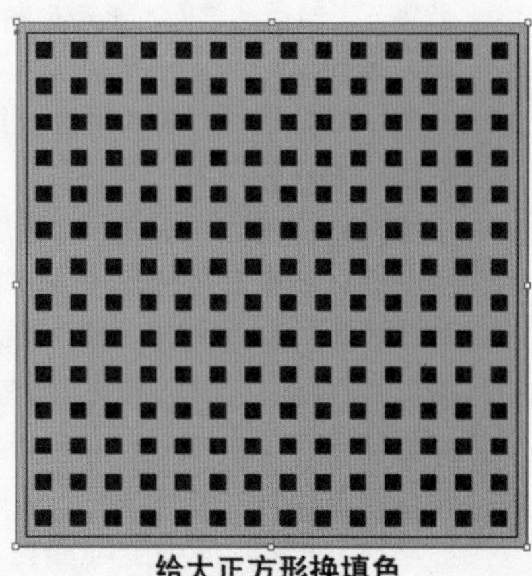
给大正方形换填色

▲ 图1-196

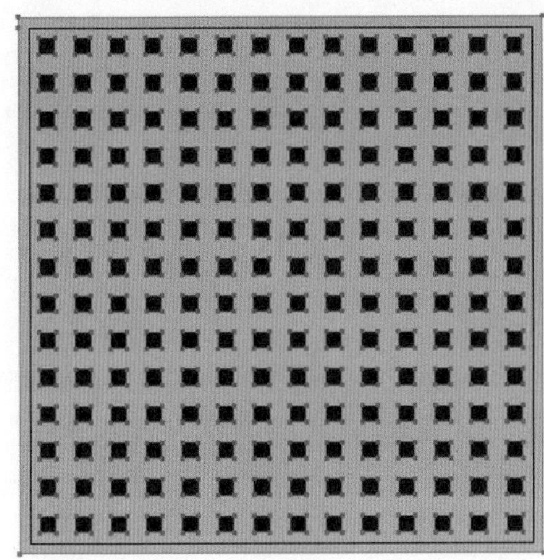
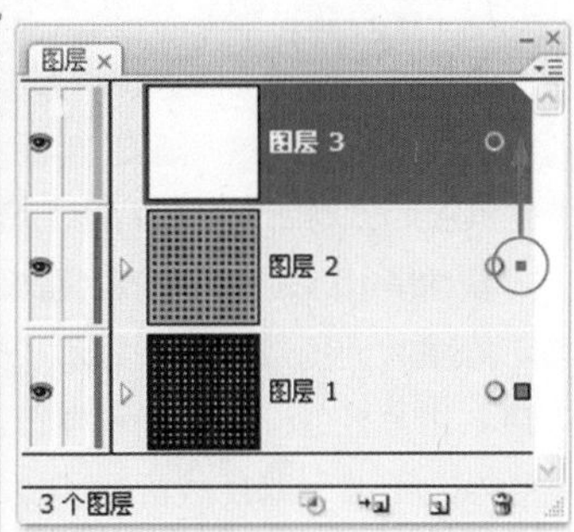

▲ 图1-197

步骤七 在“图层”面板中，鼠标按住“图层3”缩略图往下拖动到“创建新图层”按钮上（图1-198），生成图层3的副本，这种复制图层的方法不会为新图层自动设定不同的路径颜色，看图1-199中红色双箭头指示的位置，图层3是绿色的路径显示，复制出的新图层也是绿色。

我们在如图1-199黄色框选处的“图层3_复制”文字位置上，双击鼠标，会弹出对话框，在其中更改图层名称为“七彩矩阵2”，并把路径显示颜色改成橙色。

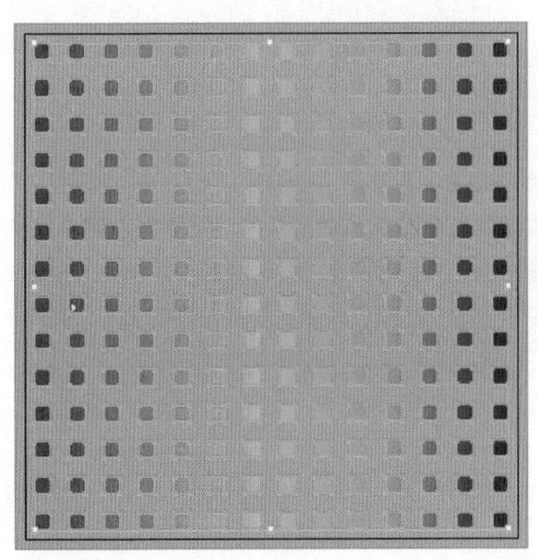
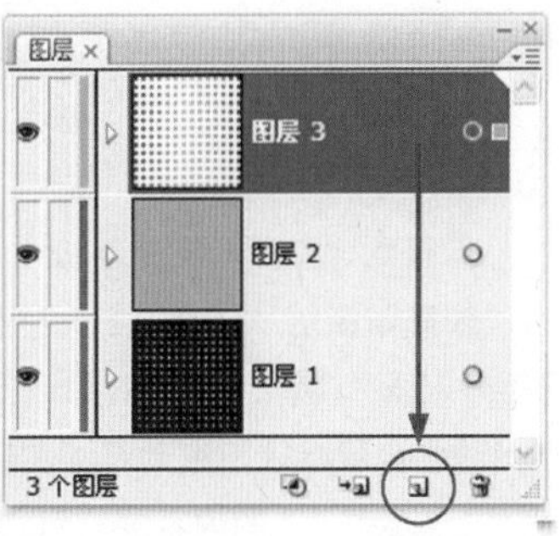

▲ 图1-198

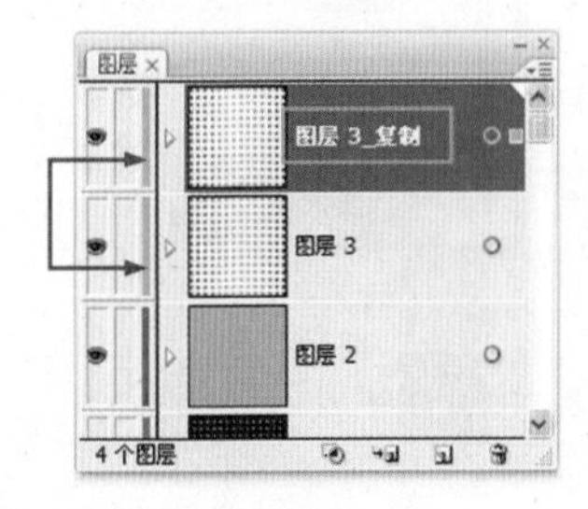

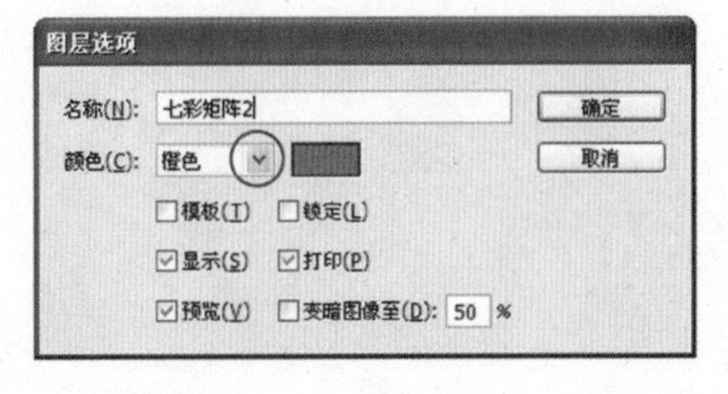

▲ 图1-199

接下来再给“图层3”更改名称为“七彩矩阵1”。

步骤八 在画面中选择“七彩矩阵2”中的对象，往右下方移动至如图1–200所示的位置。然后在“渐变”面板中更改角度为180度，敲[Enter]回车键确认操作。七彩渐变的方向即变换为右红左蓝了。

按住[Alt]键，在“图层”面板中用鼠标点击图层“七彩矩阵2”的眼睛图标，即可隐藏其他图层，而只显示“七彩矩阵2”。再换“白箭头”工具分别画框选中最右边垂直的一列矩形和横行最下面的一排矩形，删除它们，注意：一定要删干净，不要有路径残留。

再次按住[Alt]键，用鼠标点击图层“七彩矩阵2”的眼睛图标，就又激活了所有图层的可视性。用热键[Ctrl+A]全选所有图层中的对象，执行“对齐”面板/水平居中对齐、垂直居中对齐。图1–201是步骤八做完后的效果。

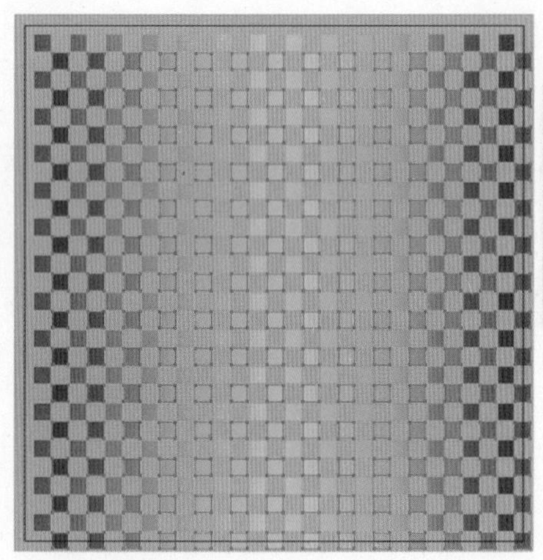

▲ 图1–200

▲ 图1–201

步骤九 在“图层”面板（图1–202）中选择“图层2”，然后点击面板下方的“创建新图层”按钮，在“图层2”上面生成新的空白的“图层5”。鼠标按住图层“七彩矩阵1”的“对象选择标识”（缩略图最右侧的绿色小方块），再按住[Alt]键配合鼠标往下拖动至“图层5”的“对象选择标识”处，释放鼠标、热键，把“七彩矩阵1”的内容复制到“图层5”。

下面我们要适当移动“图层5”的七彩矩阵对象，为了避免移动对象的操作产生失误（错移上层的对象），我们先在“图层”面板中，给“七彩矩阵1”加锁锁定它（如图1–203所示）。然后在画面中，按住[Shift]键控制45° 往右下方移动

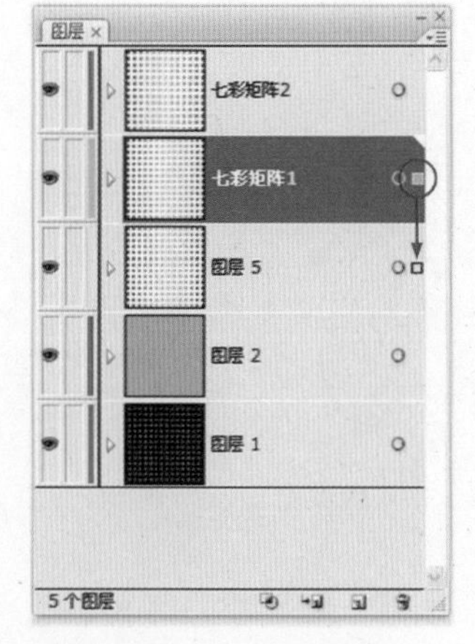

▲ 图1–202

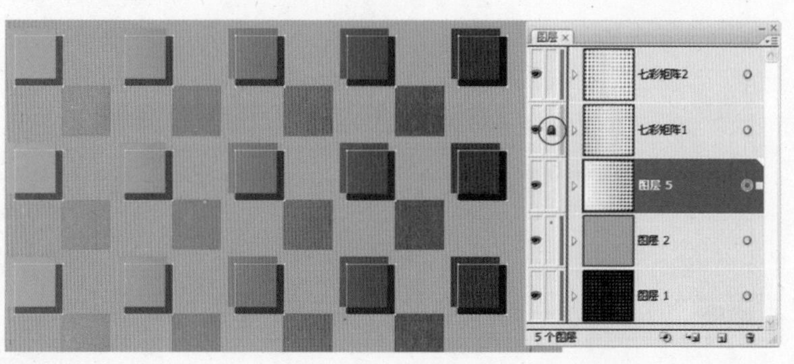

▲ 图1–203

“图层5”的七彩矩阵对象，实际移动距离参照图1–203中示意（局部放大效果），再为移动后的对象更换填色为灰度渐变（直接选择“色板”中的灰度渐变即可）。

现在用[Alt]键配合鼠标点击“图层5”的眼睛图标，只显示该图层，而暂时隐藏了其他图层。然后参照图1–204，在“渐变”选项板中编辑灰度渐变，需要添加一个渐变滑块（蓝圈处）并分别设定3个色标的K（黑色）值，而图中两个红圈位置的菱形“中点”滑块也需要各自往外侧稍许移动，它们是控制渐变色过渡比例的操控点。

在步骤九的最后，给“图层5”更改图层名称为“灰度矩阵1”，并给图层“七彩矩阵1”解除锁定。

步骤十 创建新图层“图层6”，新图层会创建在“灰度矩阵1”之上。如图1–205所示，用鼠标按住“图层6”往上拖动至“七彩矩阵2”与“七彩矩阵1”之间，松开鼠标，把它转移到两个彩色矩阵图层之间。注意：“图层”面板内的图层次序可随时根据作图需要用此方法进行调整。

再用[Alt]键配合鼠标，把图层“七彩矩阵2”中的对象移动、复制到“图层6”。给“七彩矩阵2”加锁锁定，然后在画面中用[Shift]键控制45° 往左上方移动“图层6”的对象，移动位置参考图1–206（画面局部）。

给“图层6”的方块矩阵对象设定为灰度渐变，并在“渐变”面板中编辑渐变色，注意：渐变角度为90度。图1–207是只显示“图层6”的渐变效果示意图。渐变编辑完成后，给“图层6”重命名为“灰度矩阵2”。

最后，在“图层”面板中，点击“图层2”右侧的“对象选择标识”（红色小方块），选中该图层内的灰色大方形，为它更换成黑色填充。“七彩矩阵”练习完成（图1–208）。

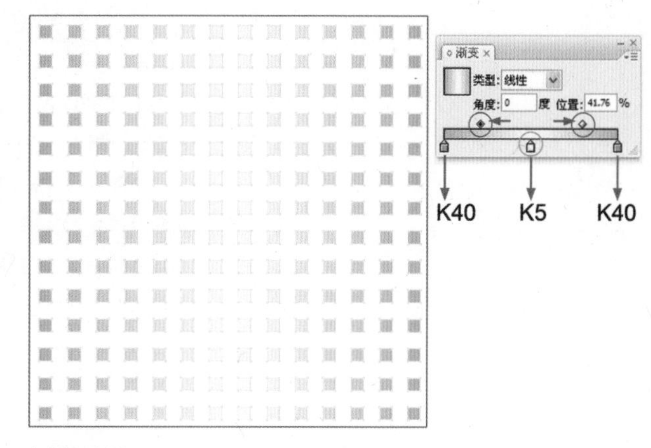

▲ 图1–204

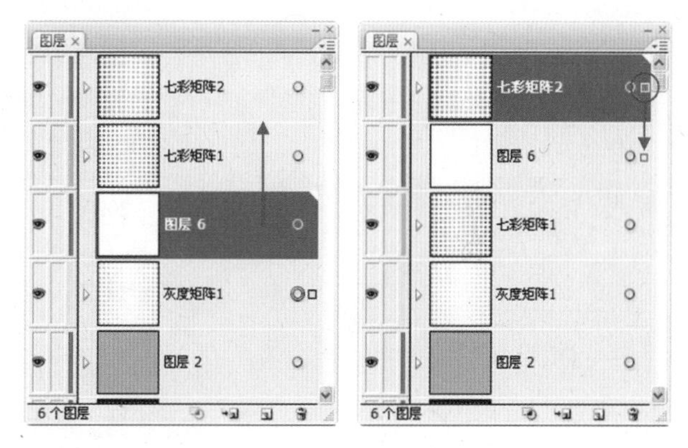

▲ 图1–205

◀ 图1–206

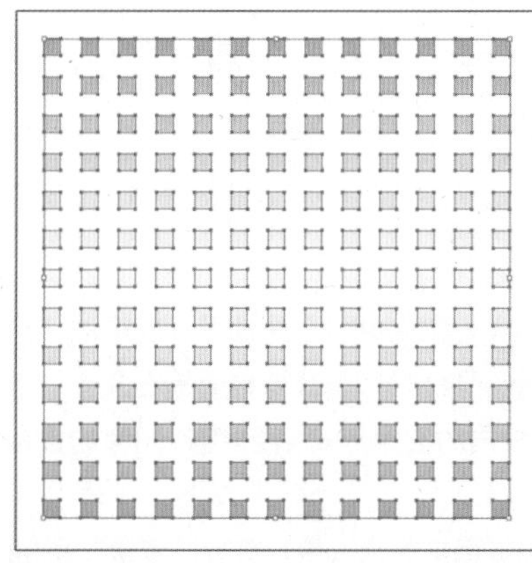

▲ 图1–207

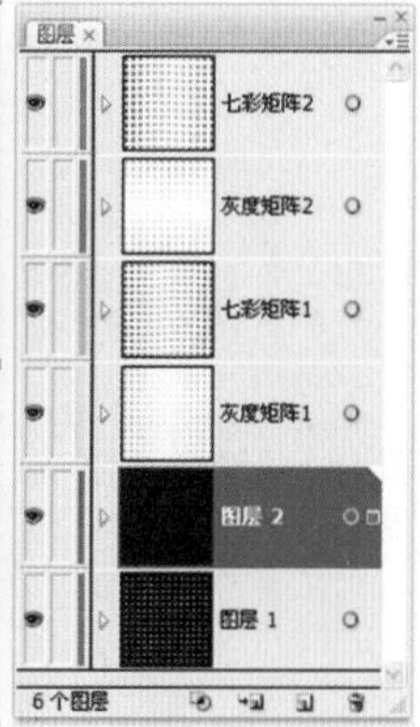

▲ 图1–208

1.10.2 两个几何形

本案例用两个简单的几何形对象讲述了图层内对象的展开及外观效果的施加与清除（图1-209）。

步骤一　新建画板，尺寸自定。绘制正圆形、正三角形各一个。在“图层”面板中点击“图层1”缩略图前的“图层展开按钮”（小三角标记），即可展开该图层内的所有对象（图1-209）。

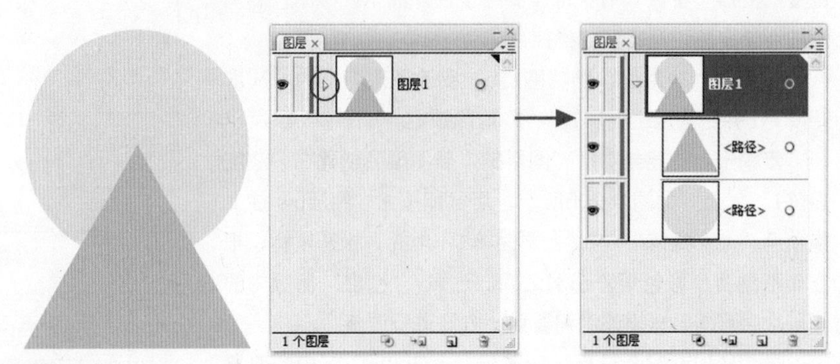

▲ 图1-209

步骤二　在“视图”菜单中激活“图形样式、外观”面板。点击“图形样式”面板下的“图形样式库”按钮，在样式库菜单中选择“图像效果”，并在调出的样式库中找到“斜面软化”，可以用鼠标把它拖出移放添加到“图形样式”面板内。在画面中选中圆形，再为之施加样式板中挑选出来的样式“斜面软化”。见图1-210。

激活“外观”面板，能看到“斜面软化”样式的构成是在两个灰度渐变填色的对象上分别施加效果菜单中的羽化、位移路径两项编辑效果。“图层”面板内的正圆<路径>缩略图旁的“目标按钮”现在已经变成“渐变双环”状态，“双环”表示该路径被选中，“渐变”表示施加了外观效果。

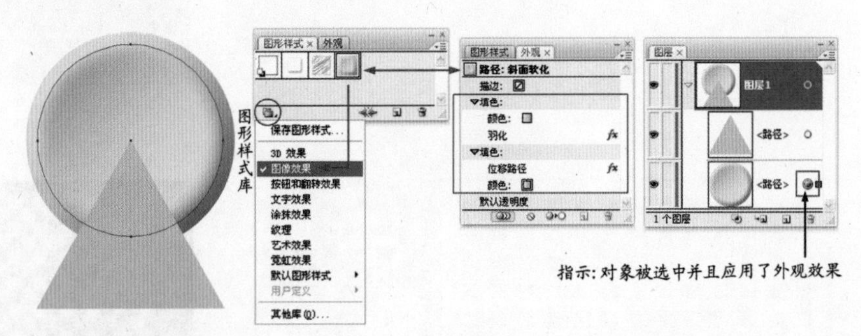

▲ 图1-210

步骤三　选中三角形，为之施加“图形样式库”中“涂抹效果”库中的“涂抹5”（图1-211）。在“外观”选项板能看到“涂抹5”样式的构成是在灰色对象上叠加的白色涂抹效果。这时“图层”面板内的三角形<路径>缩略图旁的目标按钮也变成渐变双环状态。

步骤四　用“黑箭头”工具在画面中画框选中圆及三角，执行“效果”菜单/风格化/投影，在对话框中点选“预览”，再自行设定其他选项、参数，“确定”后，在“外观”面板中能看到两个路径对象都增加了投影效果。见图1-212。

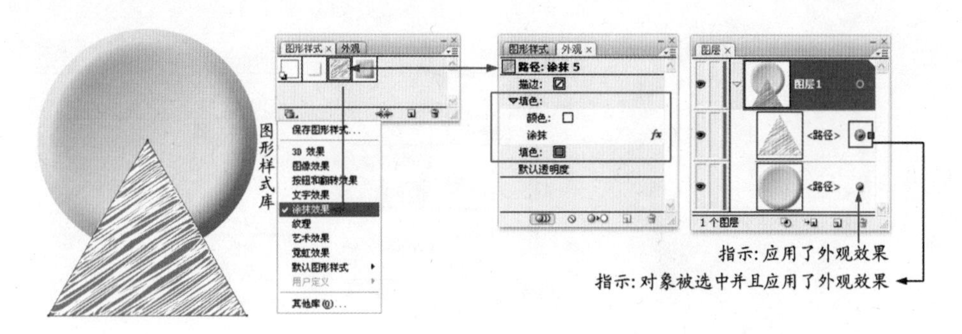

▲ 图1–211

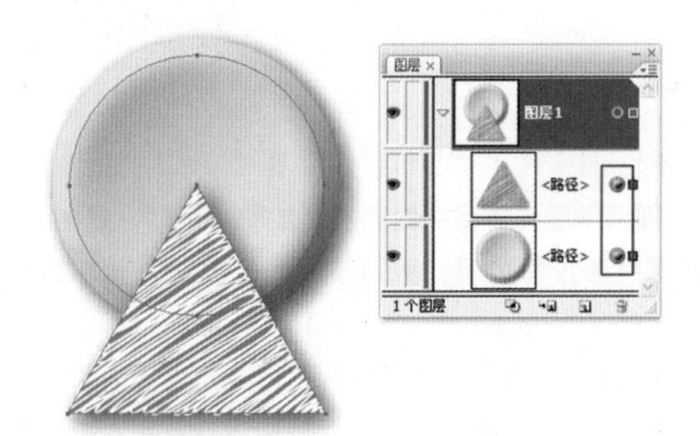

◀ 图1–212

步骤五 在“图层”面板中点击“图层1”的“目标按钮”，使其单环变双环，画面中圆及三角同时被选中，再次为它们施加投影效果，只要点击出“效果”菜单，其中第一项就是“应用‘投影’”，选择它，基于刚才参数设定的投影效果会再次执行，两个几何对象的投影效果经叠加被强化了很多。见图1–213。

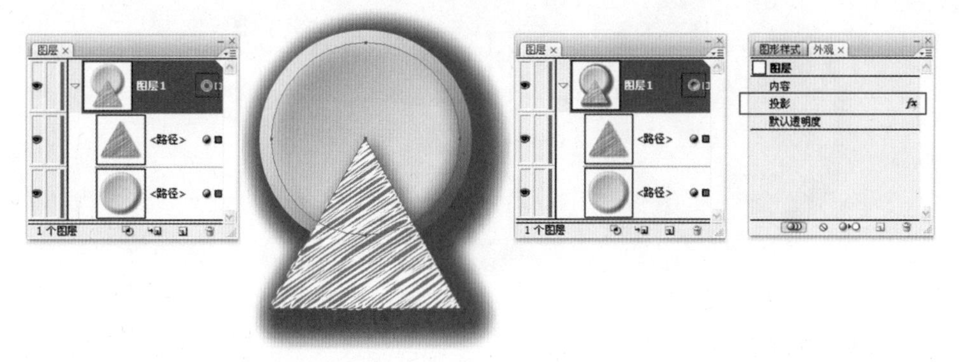

▲ 图1–213

◆注：你每次使用过的某一项效果操作会自动添加为“效果”菜单的头两项，为你紧接着二次使用该项提供方便。当你又使用了另外一项效果时，效果菜单的头两项也会随之自动更改。

观察“外观”面板，能看到图层被施加了投影，而“图层”面板中图层1的“目标按钮”也变为渐变双环。

步骤六 在“图层”面板中点击三角<路径>的“目标按钮”，在“外观”板中，按住“投影”效果项往下拖至垃圾桶，即清除了该项（图1–214）。画面中三角形的投影目前保留的是步骤四时执行的效果。

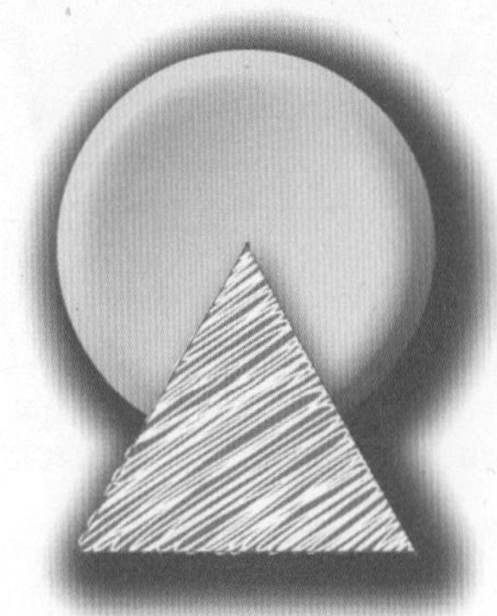

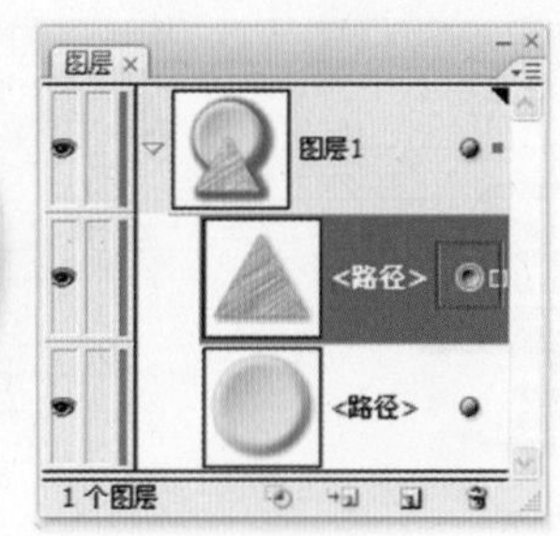

▲ 图1-214

步骤七　在“图层”面板中点击“图层1”的“目标按钮”，在“外观”面板中，点击面板下的“清除外观”按钮，即清除了步骤五中给图层施加的“投影”效果。

现在，画面中，只有圆形还保持着投影效果，可以按上面的方法清除它的投影效果。

另外，圆形的“斜面软化”、三角形的“涂抹”外观效果可以分别整体清除或者分步清除。以“涂抹5”为例，它是由一个灰色图形与一个施加涂抹效果的白色图形叠加一起构成的，可以在“外观”面板中逐项清除它们，有时个别分步效果可能是你所想要的，所以分步清除能给你提供便利，而且在这个练习中，分步清除能让你看清楚样式效果的构成。而整体清除用“清除外观”按钮来解决。见图1-215。

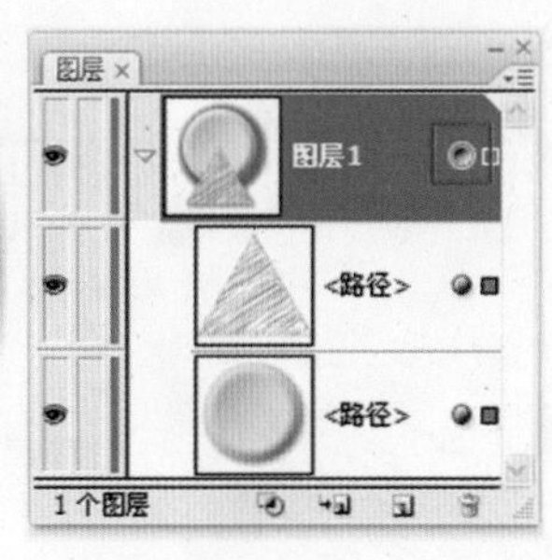

▲ 图1-215

课题训练

课题一 多角星花

课题说明

源文件见本书教学资源的“第一单元课题训练\源文件\多角星花.ai”。这个图形的绘制涉及星形工具、旋转工具的设定使用。

课题引导

◎利用热键控制星角的数量及长度。

◎利用“复制”、“粘贴到前面”生成内圈多角星。

◎中心12个同心椭圆是通过30° 旋转复制后执行[Ctrl+D]获得的。

课题二 鸟形标志

课题说明

源文件和用作描摹底图的文件见本书教学资源的“第一单元课题训练\源文件\Bird.ai”和“Bird.tif”。该图形考核的是钢笔工具的使用水平。

课题引导

◎新建画板，通过“文件”菜单置入Bird.tif，执行热键[Ctrl+2]（或者通过“对象”菜单）锁定该图。用钢笔工具描摹这个鸟形标志，锚点数量控制在23~25个之间（不包括眼睛的椭圆形）。

◎对于某些位置的双向手柄的曲线锚点，可以尝试用“锚点转换工具”调整单侧手柄获得定向改变一侧路径曲度而保持另一侧曲度不变的特定的编辑效果。

课题三 钥匙孔形标志

课题说明

源文件见本书教学资源的“第一单元课题训练\源文件\钥匙孔形logo.ai”。该图形考查的是两个图形对象相加、相减的操作。

课题引导

◎渐变的描边效果参考本单元的苹果标志。

课题四 CFP标志

设计者Mcshane, Adigard M.A.D

课题说明

源文件见本书教学资源的“第一单元课题训练\源文件\CFP-logo.ai”。这个著名的“眼睛钥匙”图标是“Computers Freedom & Privacy计算机自由与隐私”年会的标志。该标志的制作重点在于“路径查找器/形状模式”的多种编辑功能。

设计者Mcshane，Adigard M.A.D。

课题引导

◎眼睛的形态可以通过两圆相交保留重合区域（见“路径查找器”）的方法获得。

◎左右两侧的眼睫毛可用镜像复制的手段。

课题五 交叠五瓣花

课题说明

源文件见本书教学资源的“第一单元课题训练\源文件\交叠五瓣花.ai”。本练习的重点在于极坐标网格工具的设定使用及对象交叠区域的分割。

课题引导

◎两头尖角的花瓣是用“锚点转换工具”转换椭圆形的上下两个锚点获得。

◎花瓣交叠处的颜色设定除了可使用“路径查找器/分割”功能外，还可用“实时上色工具”来实现，具体方法参见第二单元的2.1案例内容或者本书教学资源中的课题训练讲义。

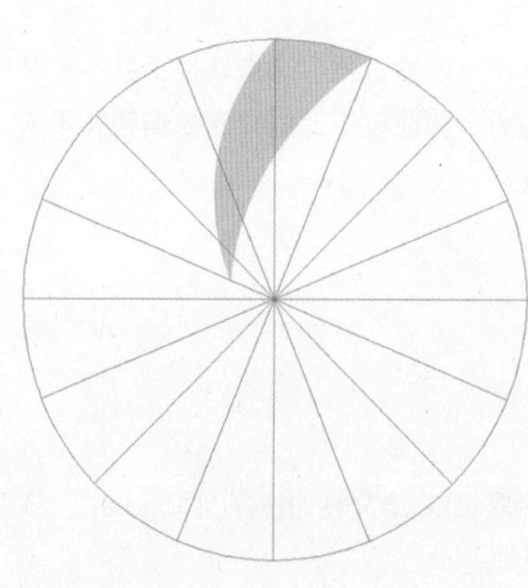

课题六 涡旋图形

课题说明

源文件见本书教学资源的“第一单元课题训练\源文件\logo涡旋.ai”。此图形涉及极坐标网格、钢笔、旋转工具的使用。

课题引导

◎发射构成的单位图形的个数与极坐标网格的径向分隔线数量之间的关系是精确制作旋转复制的关键。

课题七 错位同心圆

课题说明

源文件见本书教学资源的“第一单元课题训练\源文件\错位同心圆.ai”。该图形的制作关键在于极坐标网格的设定和扩展描边。

课题引导

◎设定极坐标网格的同心分隔为3、径向分隔为0；黑色描边、无填充色。描边粗细以同心圆黑（圈）白（底）的视觉相间等宽为准。

◎扩展描边。

◎用矩形分割下方路径（见“对象”菜单/路径），连续三次取消编组后，把下方已分割出来的同心半圆再编组，之后水平移动。

课题八 跃动人形图案

课题说明

源文件及小人图形见本书教学资源的“第一单元课题训练\源文件\跃动人图案.ai”，“跃动人.ai”。该练习检验的是间错图案的单位图形的设计制作。

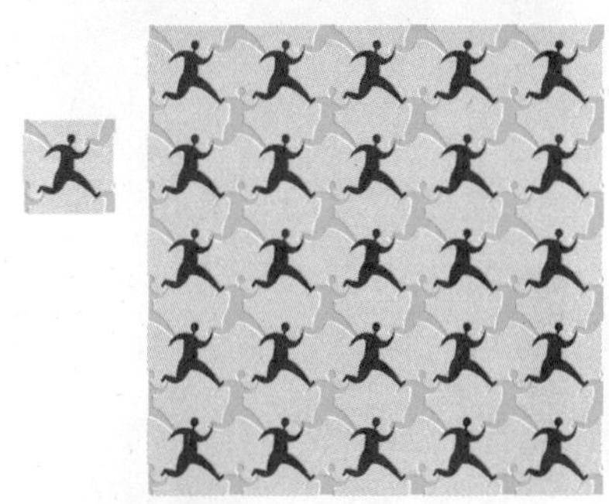

课题引导

◎为了能把人形精准地对齐到网格点，参照右图，显示窗口菜单中的“属性”面板，激活“显示中心点”，小人图形的中心显示出来了，凭借这个中心点及“视图”菜单/对齐点，可将人形的中心点准确放置在网格点上。

课题九 CN图形标志

课题说明

源文件和用作蒙版的底图见本书教学资源的“第一单元课题训练\源文件\CN-logo.ai”、“泡泡笑脸.jpg”。这个图形标志的制作重点在于小刀工具的直线切割以及裁切蒙版的创建。

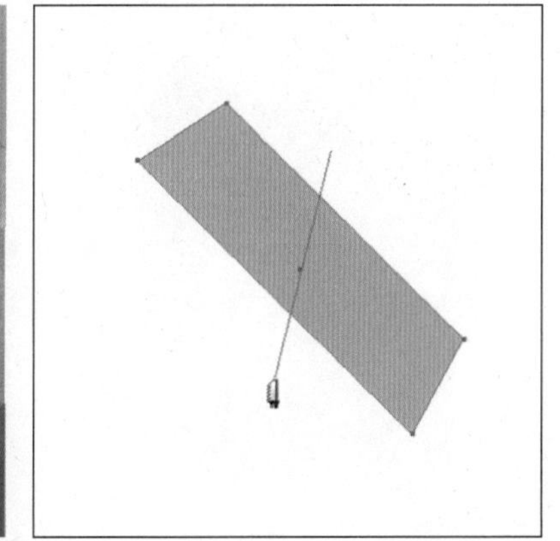

课题引导

◎自由变换工具制作矩形与字母的透视效果。

◎需要用“美工刀工具”（与“剪刀工具”一起隐藏在“橡皮工具”中）把一个矩形直线切分为二，分开的两部分分别用作蒙版各自蒙住一个泡泡底图。小刀直线切割的热键是[Alt]，先按住[Alt]再按住鼠标拖动。

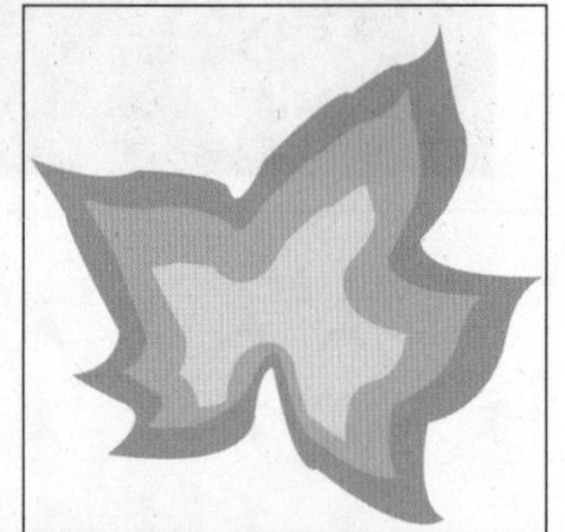

课题十 秋叶

课题说明

源文件及描摹参考文件见本书教学资源的“第一单元课题训练\源文件\秋叶.ai”、“秋叶分层.ai”。这片叶子的原型来自Illustrator符号库，原本它是由很多层从小到大叠压且颜色渐变的叶形对象构成的（把它从符号库提取出来后断开符号链接，即可观察到其构成状态），本练习是把它简化处理后，作为颜色混合的课题训练，同时通过绘制叶脉、叶形轮廓还可以强化钢笔工具的使用能力。

课题引导

◎打开“秋叶分层.ai”，用钢笔描绘叶形、叶脉。

◎通过内外三层不同颜色的叶形对象生成平滑颜色的混合。

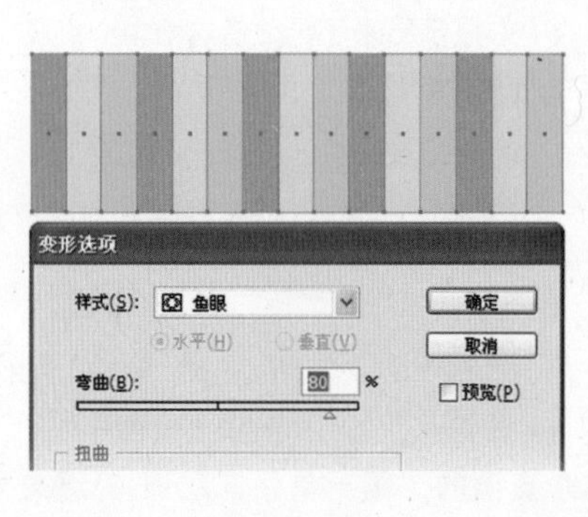

课题十一 彩条球

课题说明

源文件见本书教学资源的“第一单元课题训练\源文件\ball.ai”。制作这个有体量感的彩球可以通过“鱼眼”变形、扭曲封套及渐变网格等操作完成。

课题引导

制作出一排矩形，进行“鱼眼”变形（“效果”菜单\变形），之后再用圆形扭曲封套。左图是扭曲封套后的效果及渐变网格的编辑效果。

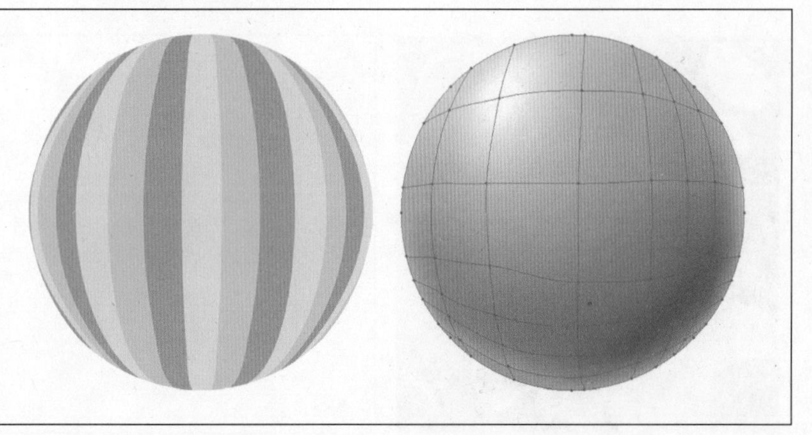

课题十二 红心3D符号

课题说明

Illustrator符号库中自带的3D符号库提供了一些现成的立体效果的符号，见右图。

本课题引导大家尝试自制一枚3D符号。源文件见本书教学资源的"第一单元课题训练\源文件\苹果心3D符号.ai"。

课题引导

绘制半颗心形（要求右边半颗），执行"效果"菜单/3D/绕转，在绕转对话框中进行选项的设定，记得激活"更多选项"尝试调整光亮强度。制作完成后存放到符号面板中，并进行符号喷绘。

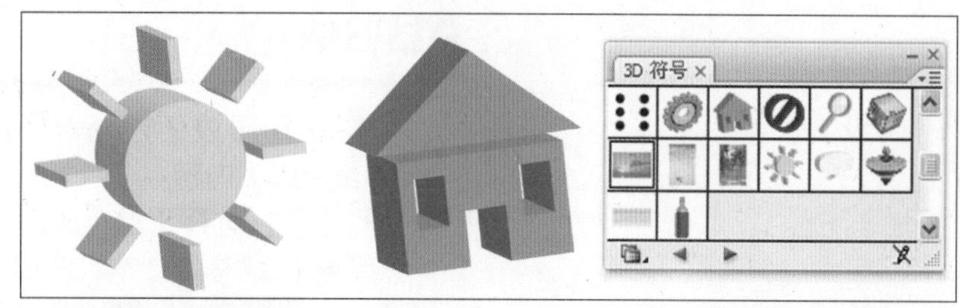

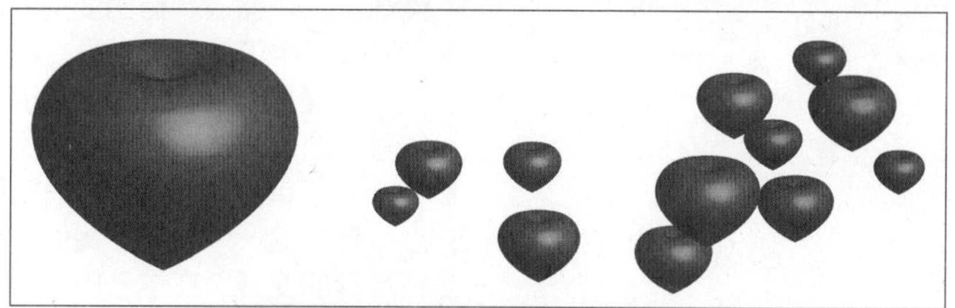

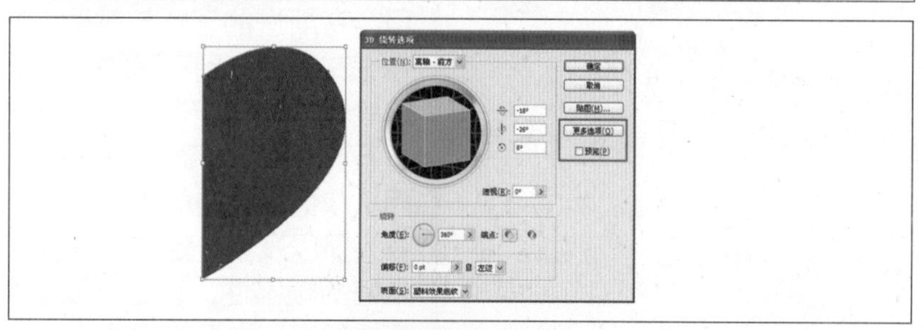

课题十三 图层队列

课题说明

源文件见本书教学资源的"第一单元课题训练\源文件\队列分图层–蒙版生成.ai"、"队列分图层.ai"。在1.1.2几何人形队列的基础上，本课题通过为队列添加制作透视效果的地面来进一步熟悉图层的使用。

课题引导

地面可以用"矩形网格工具"（与"线段工具"在一起）绘制出只有垂直分隔的网格对象，然后用"自由变换工具"做出透视效果，最后用剪切蒙版蒙住画板之外的地面。

注：本书教学资源提供以上课题训练的电子讲义，但要求大家通过自己努力尽可能独立绘制出每个课题作业后，再去教学资源中查看讲义，比对绘制步骤的优劣性。

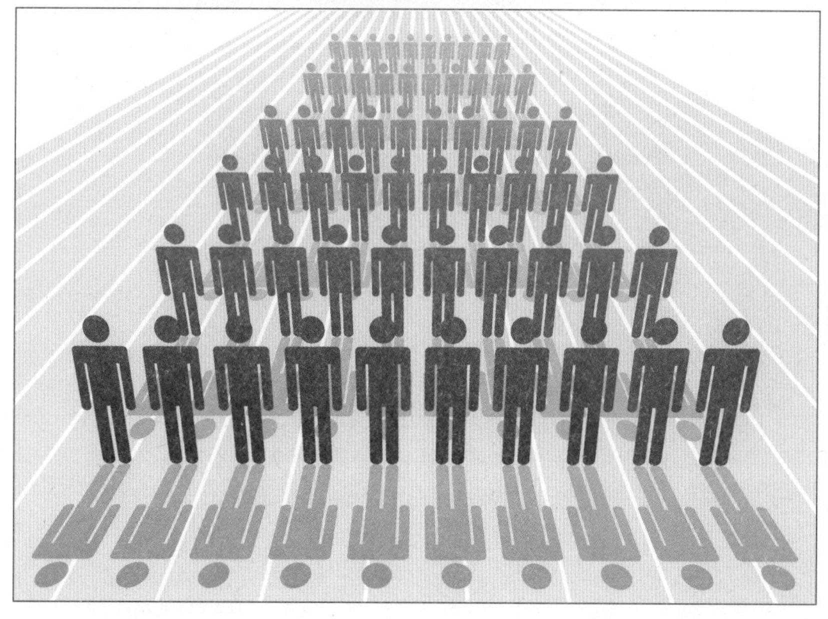

总结归纳

本单元通过24个教学案例和13个课题训练，讲解了Illustrator如下内容：

◎工具：选择工具（黑箭头）、直接选择工具（白箭头）、魔棒、套索、钢笔、文本、线段、矩形网格、极坐标网格、旋转、镜像、比例缩放、自由变换、渐变网格、渐变、符号、剪刀、美工刀、抓手工具、放大镜、吸管、形状工具。

◎面板：色板、颜色、描边、渐变、外观、透明度、字符、符号、图形样式、路径查找器、对齐、属性、图层。

◎菜单：文件、编辑、对象、效果、视图、窗口。

针对这一单元教学案例加课题训练共37个练习，建议大家进行反复的实践，在这一过程中，对工具、菜单功能项、面板的使用会有渐进的了解与掌握，并且通过对某些案例的探索与分析，你也许能摸索到不同的、甚至更加优化的制作方法与步骤，如能这般，本教材将非常荣幸地能成为你深入学习Illustrator的“上马石”。保持好奇心与探索精神是高成效学习软件的重要因素。而从软件设计的角度来评价，Illustrator对于设计专业的学生、从业人员以及有一定美术基础的人来说，在学习、使用上也具有非常好的顺手性，它是一款很容易令使用者着迷并为之付出时间、精力去深入学习的软件。

  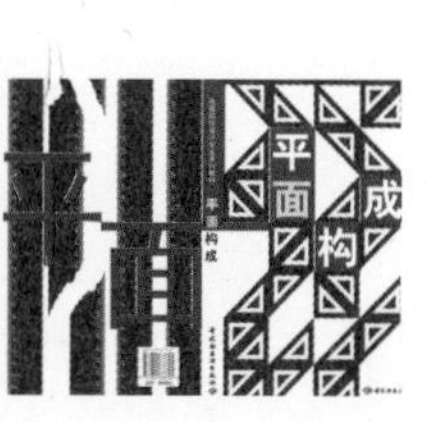

第二单元

设计应用篇

课程目标

从专业设计的视角更加全面、深入地解析软件，强化Illustrator的实践教学，有效地提高学生的软件应用能力。

基础知识

Illustrator在艺术设计领域的基本应用，拓展学习标尺的设定使用、实时上色工具、创建不透明蒙版、文本框与文本绕图、生成角线等内容。

课题训练

本单元选编了七个设计应用案例，涉及平面设计范畴的海报、插图、宣传折页、书籍封面、产品包装的制作。

知识阐述

2.1 纽约视觉艺术学校的海报设计

案例说明

米尔顿•格拉塞（Milton Glaser 1929~），美国著名平面设计师。如果你对这个名字陌生的话，你一定知道世界上最著名的标识之一——“I LOVE NY”（我爱纽约，图2–1），格拉塞正是这一标识的设计者。

图2–2是一幅完全由文字构成的海报作品，版面体现大面积整体留白，且留白被分隔成的不同面积区域、形态在版面中形成对比关系。三组文字版块的字体大小、行距疏密的细致设定使作品精致秀雅。而主题文字艳丽的色相对比又使简洁的作品具足了吸引人眼球的版面元素。

美国纽约视觉艺术学院（School of Visual Arts，简称SVA）是美国最领先的艺术与设计独立院校之一，创建于1947年。在设计思路、创作语汇的“新”与“旧”（NEW & OLD）之间的辩证关系上追求最完美的阐释——这是纽约视觉艺术学院的教学宗旨。所以，这幅海报的主题为NEW和OLD两个单词的二合一组合，设计师利用平面中的矛盾空间把两个单词穿插构成在一起，文字效果富有层次且易于辨识。

▲ 图2–1　I LOVE NY　米尔顿・格拉塞

▲ 图2–2　SVA宣传海报　米尔顿・格拉塞

制作引导

文字穿插压叠效果的制作方法（一）

步骤一 用文本工具录入OLD和NEW。OLD可用英文字体“Times New Roman”，NEW可用字体“Arial Black”。为单词NEW设定M90、Y95的红颜色。然后用鼠标把工具箱上的刚编辑好的“填色”拖移到“色板”中（或者点击“色板”下方的“新建色板”按钮），新编辑的红颜色即存放到色板中了。见图2-3。

调整好字体大小后，给文字“创建轮廓”，再全选两个单词对象执行“对齐”/垂直底对齐，但可能出现的情况是六个字母的底部边界只有O和N是对齐的，其他字母有偏差。通过为两个单词对象“取消编组”，然后再选中六个字母执行“垂直底对齐”就可以精确对齐了（图2-4）。然后，对几个字母再分别进行位置关系的进一步调整，个别字母的宽窄也要适当调整。

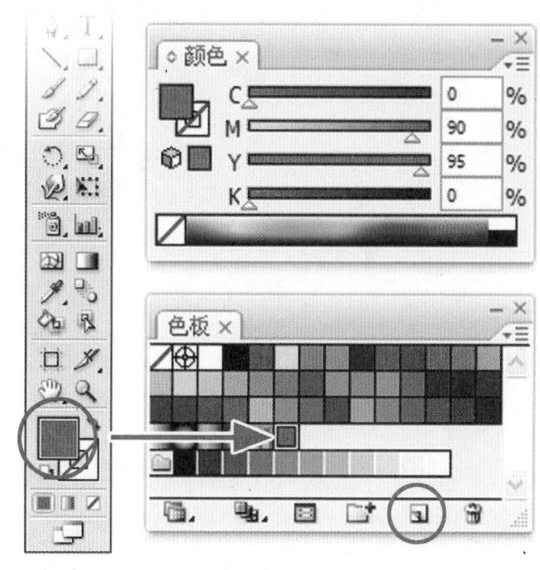

▲ 图2-3

▲ 图2-4

步骤二 全选六个字母，执行“路径查找器”/分割，再取消编组，如图2-5选中O和D被分割后的区域，在“色板”中选择上一步新存入的红色，即把它们更换成与NEW同样的红色。编组OLD和NEW两个单词对象，方法（一）完成。

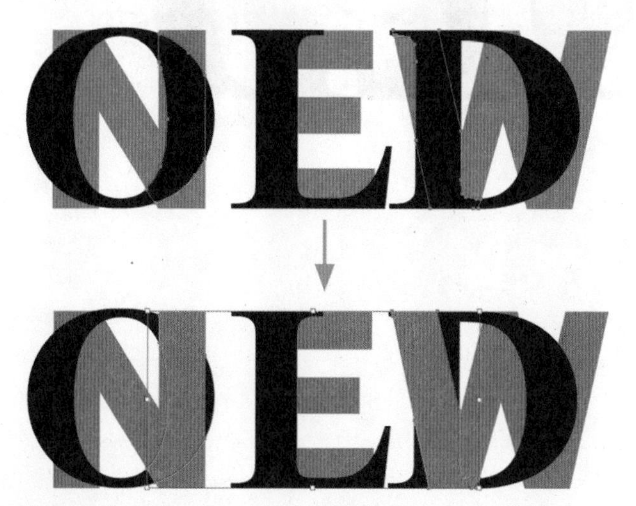
▲ 图2-5

文字穿插压叠效果的制作方法（二）

步骤一 与方法（一）的步骤一相同。

步骤二 用“黑箭头”框选六个字母对象，在工具箱中选择“实时上色工具”，在“色板”中点选之前存入的NEW所用的红色后，再用鼠标分别点击如图2-6所示的红箭头指示的O与D需要穿插换色的重合区域，即把红色实时施加到这两个指定的区域了。最后，编组OLD和NEW两个单词对象，方法（二）完成（图2-7）。

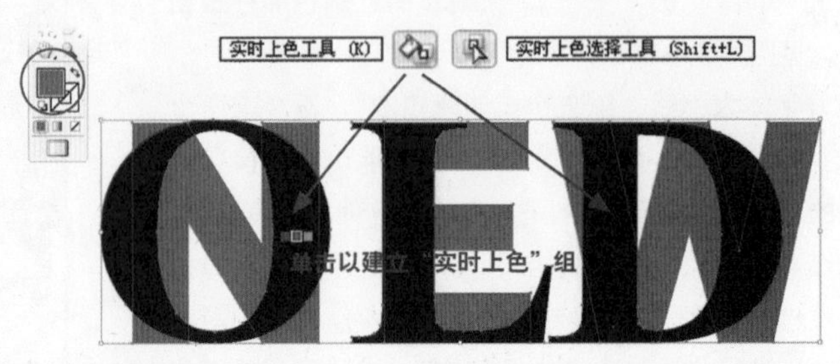

▲ 图2-6

这个文字穿插效果的制作用方法一（分割–解组–上色）与方法二（实时上色）可谓殊途同归，但两种方法处理后的图形对象的性状却是不同的。分割后的对象所有重合、非重合的区域都是分离状、可单独选择的，而实时上色工具只会对选择的指定区域上色但并不分割剥离它们，上色后的对象性质是一个“实时上色组”。

注意：被实时上色后的区域还可以被选择再进行颜色编辑，方法是用“实时上色选择工具”单击之前被上色的区域后再为之更换颜色即可。

穿插文字做完后，这幅海报的其余部分就是三个文字板块的排版了。需要注意的是文本的字号大小、行间距以及段落对齐方式的设定。在文本编辑面板中的“段落”选项板内有七种段落对齐方式的设定（图2-8）。

▲ 图2-7

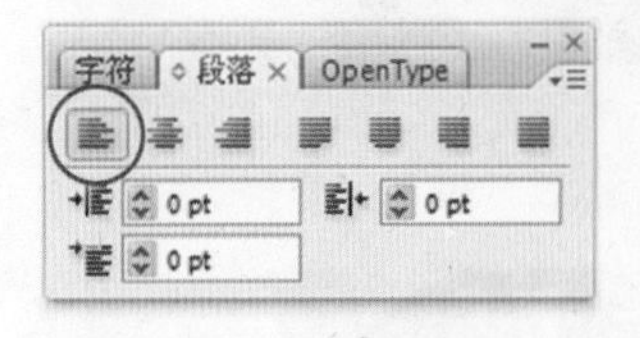

▲ 图2-8

文字及文字板块之间的对齐关系是构成版面内在秩序的重要手段，制作这幅海报，我们可以通过生成三根参考线来作为Words文本板块、Thoughts文本板块、SVA校名校徽文本板块、单词Image四个对象彼此两两对齐的依据（图2-9）。

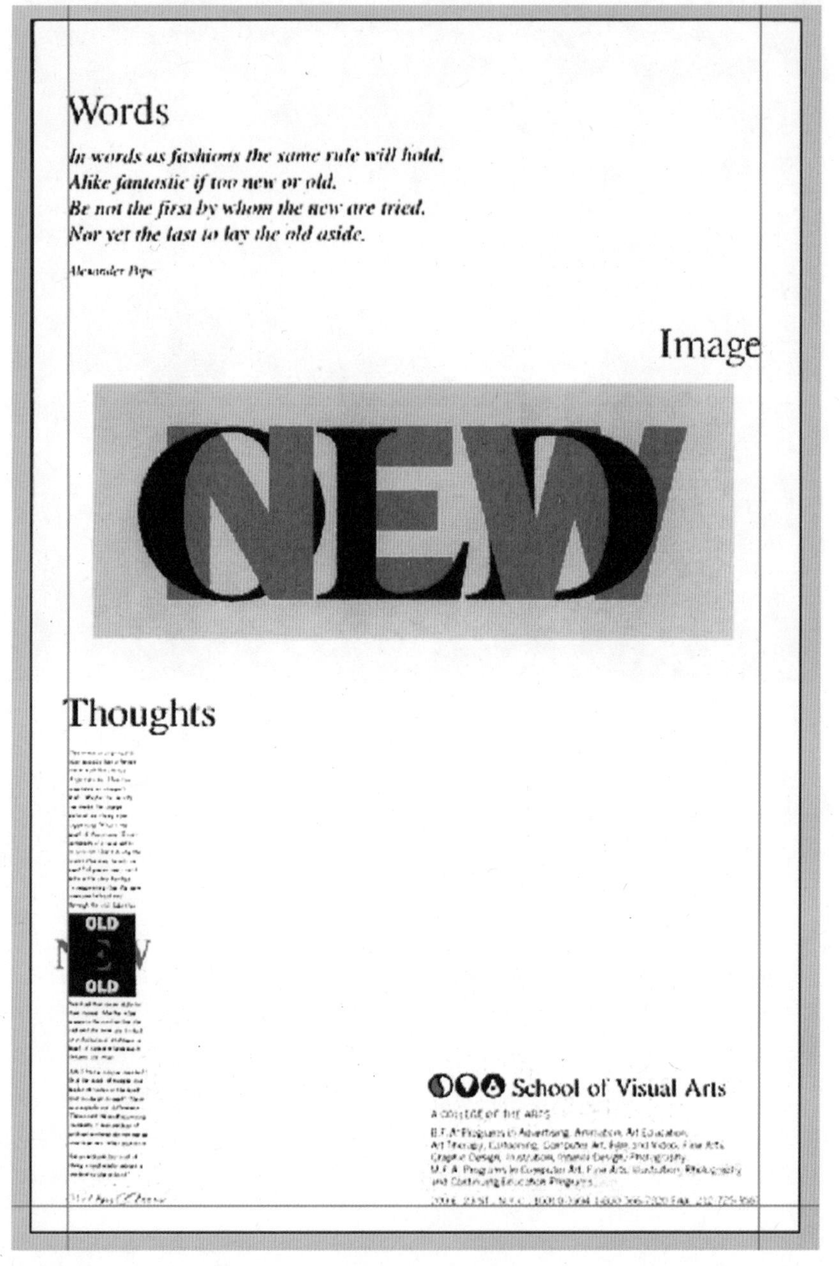

▲ 图2-9

2.2 插画设计——月之盈亏

案例说明　本案例来自本书作者。

▶ 图2-10　郭晓暮

图2-10是一幅造型简约、富有装饰风格的插画作品。它与实际月亮的盈亏变化并不相同，画中的月亮形态以对称式的形态渐变的美感为目的，整幅画的色调则完全以单一的蓝色色相通过明度变化来构成朴素的色彩调和的美感。造型简单概括的月亮、山脉与简朴的色调营造出静谧的类似梦境般的画面情调。

制作引导

步骤一　新建18cm×15cm的画板。先绘制出一个正圆和一个月牙两个对象，月牙用两个圆相减而成。全选两个对象，执行混合，混合的设定是"指定的步数"为4、取向为"对齐路径"。

用"白箭头"点选月牙一端的锚点，按住它往下方移动一段距离。再换"钢笔工具"中的"锚点转换工具"分别把混合轴两端（月牙和满月）的锚点转换成曲线锚点，之后用"白箭头"调整两个锚点的手柄，使混合轴的弧度平缓流畅、6个渐变月亮形态的间距均匀等量。见图2-11。

混合轴调整完毕后，用"黑箭头"点击确认一下该混合对象，使手柄消失、定界框显现。换"镜像工具"，用[Alt]键配合鼠标设定满月圆心的锚点为镜像轴，镜像复制出另一半混合对象，给左右两个混合对象编组，并设定浅灰颜色，月亮盈亏制作完成。

步骤二　新建一个图层，绘制径向渐变的天空。在"图层"面板中调整月亮与天空的图层上下关系（图2-12）。

步骤三　用"钢笔"工具先后绘制三个山脉对象，每个山脉对应一个新图层。给山脉填充天蓝至深蓝的线性渐变，渐变方向及行程需要用"渐变工具"在山脉上直接拖拉。见图2-13。

▲ 图2-11

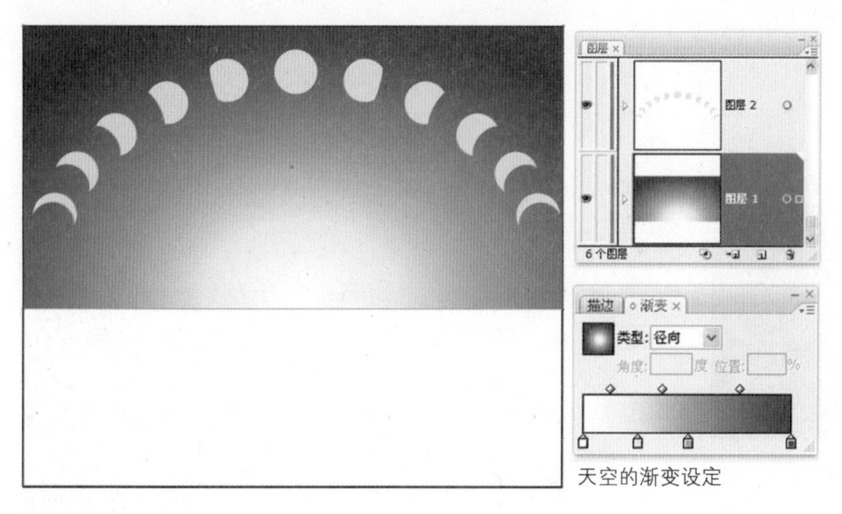

▲ 图2-12

▲ 图2-13

步骤四 对最远的山脉执行“对象”菜单/扩展/渐变网格（图2-14），山脉被扩展为以之前渐变设定为基础的网格对象。用“网格工具”为它添加一条经线后，换“白箭头”选择不同节点及进行渐变效果的编辑调整（图2-15）。

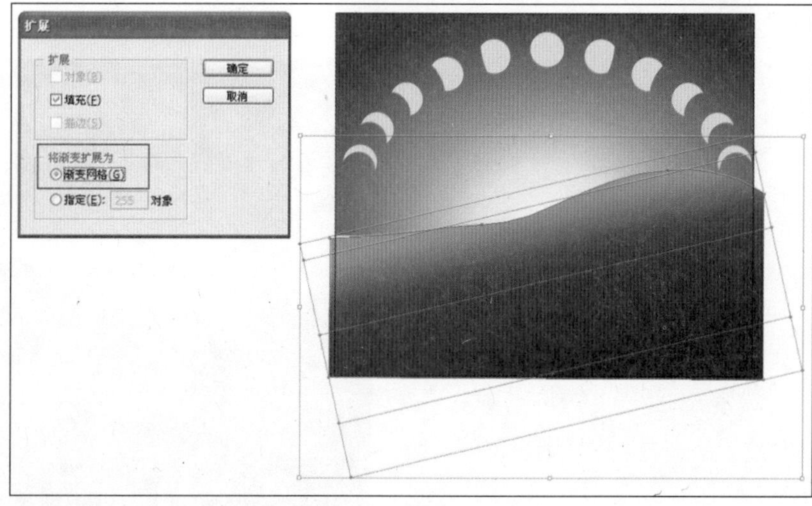

▲ 图2-14

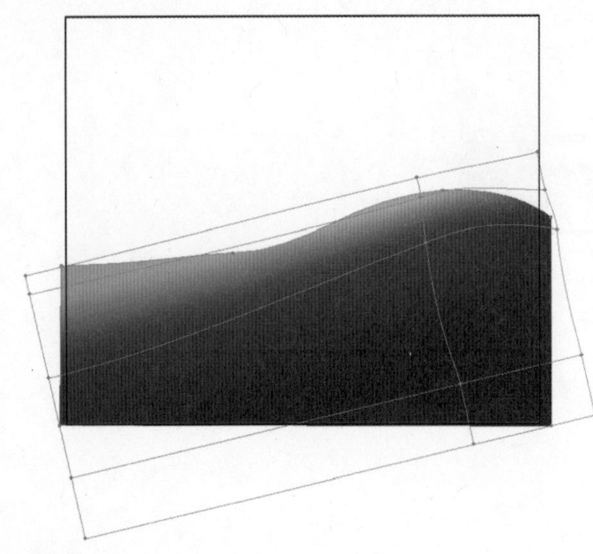

▲ 图2-15

步骤五　对中间的山脉执行“对象”菜单/扩展/渐变网格，用“网格工具”为它添加几条经线后，换“白箭头”编辑调整渐变效果（图2-16）。

步骤六　扩展最近的山脉为渐变网格对象，为它添加网格经线后，编辑调整渐变效果（图2-17）。

步骤七　绘制18cm×15cm的矩形用作蒙版，对整幅画面所有对象施加剪切蒙版。“月之盈亏”作品完成（图2-18）。

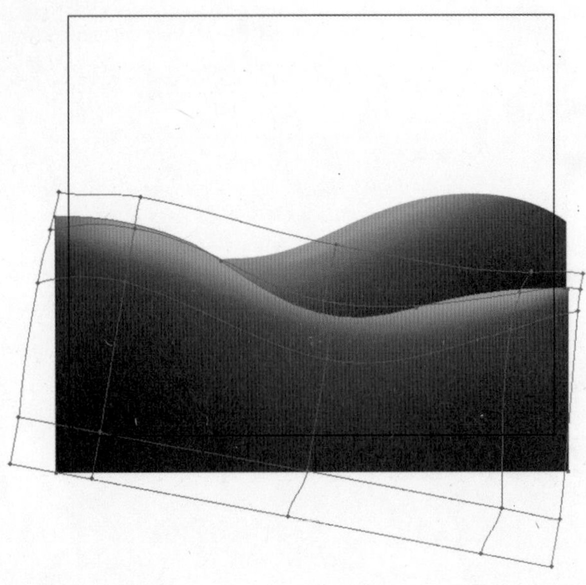

▲ 图2-16

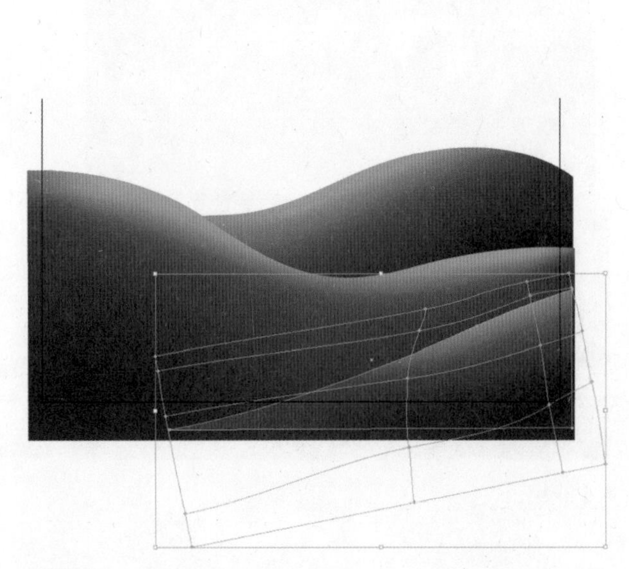

▲ 图2-17

▶ 图2-18

2.3 欧珀莱瓶装粉底液

案例说明　本案例（图2–19）由本书作者绘制提供。

这样的照相写实风格的插画，从平面设计美学角度没有解析的内容，因为作品极尽软件相应功能所要呈现的就是基于写实的“物的美感”，而物品（商品）的材质、肌理、色泽正是引人视线、诱发好感的关键。我们之前讲过，相对于摄影作品，矢量商业写实插图更具备一种纯净超拔的超写实魅力。

Illustrator的意译是“插图设计师”，顾名思义，该软件的开宗立本之处在于它强大的商业插图绘制功能。Illustrator能满足丰富多样的不同种类商业插图的创作，照相写实风格只是其中的一类，这个欧珀莱瓶装粉底液案例正是基于产品照片创作的写真商业插图。

▲ 图2–19

制作引导

建议做此练习时，把本书教学资源中的该案例文件打开，作为源文件，“欧珀莱瓶装粉底液.ai”文档中的“图层”、“外观”面板中直观展现了关于该瓶子的操作编辑信息和案例制作思路。

步骤一　新建10cm×15cm的画板。“文件”菜单置入本书教学资源“教学案例与素材\第二单元 设计应用\2.3欧珀莱粉底瓶\欧珀莱粉底瓶照片.jpg”。置入的粉底瓶照片被默认为图层1，它是我们即将描摹轮廓的底图，在图层面板中给“图层1”上锁（图2–20）。

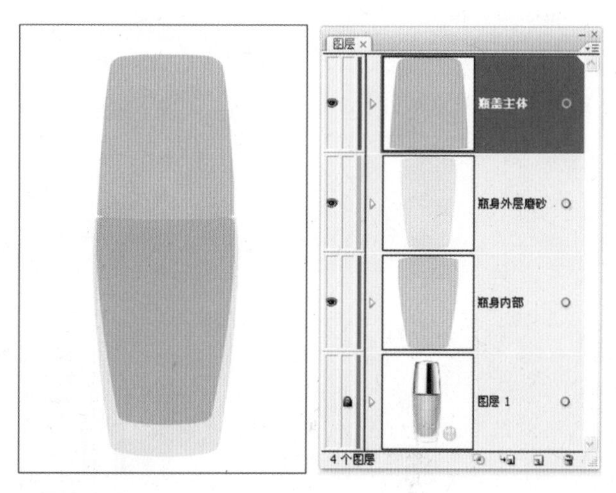

▲ 图2–20

步骤二　新建“图层2”，用“钢笔”勾勒出粉底瓶的瓶身内部轮廓后，为之填充粉底液的颜色（用“吸管工具”吸取“图层1”底图中瓶身内部的粉底颜色作为填充色即可）。重命名图层2为“瓶身内部”。

步骤三　新建“图层3”，勾勒出粉底瓶的瓶身外部轮廓后，为之填充瓶身外部的灰色（用“吸管”吸取底图中瓶身外部下方的灰色作为填充色）。重命名图层3为“瓶身外层磨砂”，并在“透明度”面板中设定其混合模式为“正片叠底”。

步骤四　新建“图层4”，勾勒瓶盖主体轮廓后，为之填充瓶盖的金黄色。重命名图层4为“瓶盖主体”。

步骤五　先后为“瓶身内部”、“瓶身外层磨砂”、“瓶盖主体”三个对象创建渐变网格（用“网格工具”手动添加或者通过“对象”菜单皆可），并进行细致的网格节点的颜色编辑，编辑效果要根据“图层1”底图的具体色彩效果，通过“吸管”点取底图相应的色区来生成填充色可快捷地组建这三个对象的色调关系。当然，在“颜色”面板中进行CMYK值细致的微调也是必不可少的。建议：在这一步骤中，随时参考案例文档“欧珀莱瓶装粉底液.ai”中这三部分对象的网格节点的颜色设定，用“白箭头”分别点选不同节

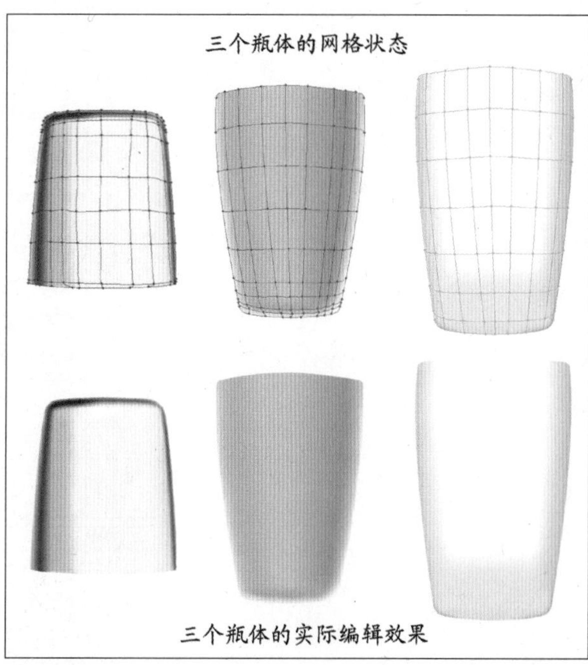

▲ 图2–21

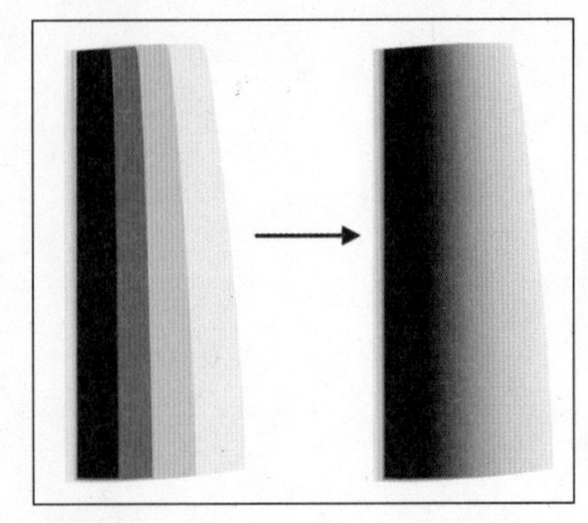

▲ 图2-22

点以观察它们在“颜色”面板中的参数设定。见图2-21。

注意：个别节点及其手柄的位置也会配合色彩渐变效果而适当调整。

步骤六 新建“图层5”，根据底图瓶盖表面的强烈渐变区，绘制4个四边形对象，并分别填充棕黑至淡米黄4个颜色，形成4个明度渐层色，要注意4个对象在左垂直边界的层叠压盖关系。选中4个对象后执行平滑颜色的混合。重命名图层5为“瓶盖表面渐变”。见图2-22、图2-23。

步骤七 在图层“瓶身内部”之上新建“图层6”，绘制一个圆角矩形来制作瓶盖下的阴影区域。重命名图层6为“瓶盖下阴影”。见图2-23、图2-24。

步骤八 新建两个图层，一个安置在图层“瓶盖主体”之下，一个安置在“瓶盖表面渐变”之上。绘制“瓶盖口轮廓强化”、“瓶盖口的阴影条”两个对象（图2-23、图2-25）。

步骤九 新建图层，绘制“瓶盖顶部隆起”，并在图层面板中，安置好其位序（图2-26）。

步骤十 制作品牌文字“AUPRES”，字体可在英文字库中找寻形似的字体。创建轮廓并执行“效果”菜单/变形/拱形，参数如图2-27所示。最后再施加渐变色。

图2-23是这个练习最终的图层面板状态，蓝色选中的5个图层是步骤七至步骤十所绘制的对象。（注：[Ctrl]是跳选图层的热键，[Shift]是连续多选图层的热键）

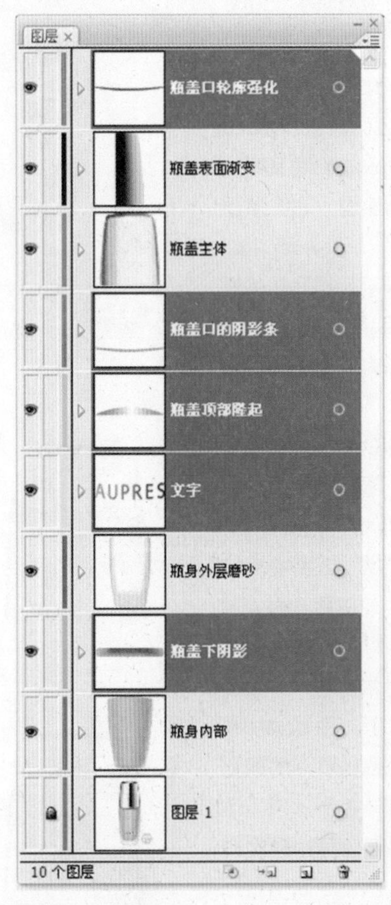

▲ 图2-23

▲ 图2-24

▲ 图2-25

▲ 图2-26

▲ 图2-27

2.4 1970年大阪世博会海报

案例说明

这幅为1970年大阪世博会创作的海报是龟仓雄策（Yusaku Kamekura，1915~1998）的代表作品之一（图2-28）。它经过时间的历练，时隔40多年仍散发着历久常新的魅力。龟仓雄策是日本现代平面设计的奠基人之一。

这幅作品体现了龟仓雄策一贯的简约设计风格，海报版面的视觉中心是日本的国花——樱花图形，其四周发射排布的八束颜色淡出的线形集合对象，展现出温暖而富有质感的光芒效果，这“光芒耀眼的樱花”表达的是一种祝福和承诺，祝福是对在大阪举办的世博会寄予的美好祝愿，承诺是对日本成功举办一个耀眼的世博会的信心。画面只有三个颜色，黑（底色）、红色（樱花和主题文字）、黄色（线形光芒和信息文字）。文字的字号大小对比以及细节处的文本对齐方式都赋予了版面明朗大气和细致精巧。在电脑技术尚未介入平面设计的20世纪六七十年代，制作出这样一幅简约精美的招贴要依靠精确的计算、坐标纸和专业的绘图工具。下面我们尝试用Illustrator制作它。

▲ 图2-28 大阪世博会海报 龟仓雄策

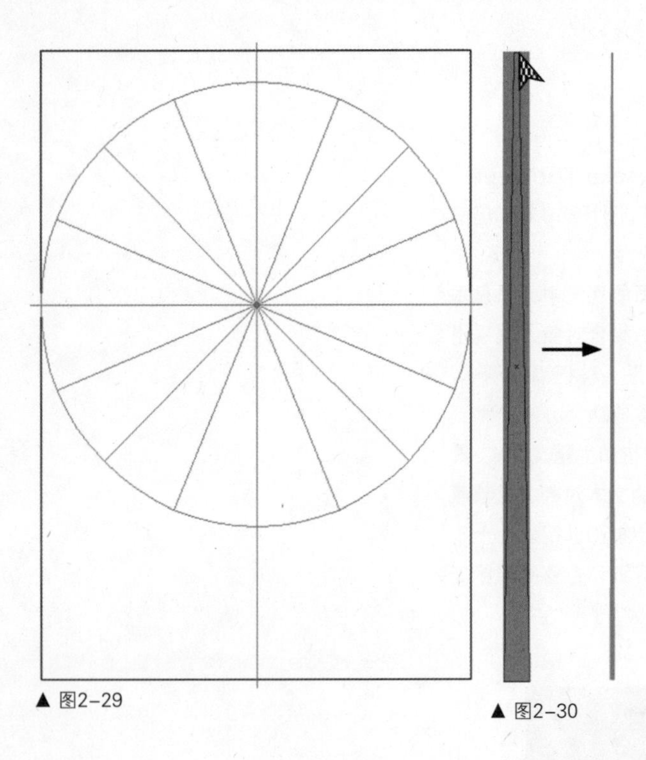

▲ 图2-29

▲ 图2-30

制作引导

步骤一 新建A4竖构图的画板。显示标尺，从标尺处抻拉出垂直参考线安置在横标尺10.5cm处，抻拉出水平参考线安置在竖标尺12cm处。选“极坐标网格工具”并激活“智能参考线”（之后的操作可依靠智能参考线捕捉锚点、路径来对齐对象），光标对准参考线的十字交点，用[Alt]键配合鼠标单击，在弹出的对话框中设定：网格宽和高为21cm、同心分隔为0、径向分隔为16。把生成的网格对象创建为参考线（热键[Ctrl+5]）。见图2-29。

步骤二 画一个狭长的矩形，用“自由变换工具”把它处理成如针状的一端很细的效果（操作要点：先用鼠标按住定界框边角点再用热键[Alt+Ctrl+Shift]配合鼠标拖动）。注意：图2-30中的矩形画得比较宽是为了能清楚地表达操作，最终的效果以右侧针状对象为准。

步骤三 参照图2-31，把针状对象放在车轮参考线的12点位置，并把它复制出一个放在其右侧第一根参考线的内侧（可用围绕圆心旋转复制的方法生成第二个针状对象）。选中这两根针，执行“指定的步数”为13的混合（图2-32）。

对刚混合出来的扇面对象进行镜像复制（图2-33），要以12点位置的参考线为镜像轴（[Alt]键配合设定镜像轴）。

步骤四 画一个正圆，与两个扇面对象对接（图2-33），三者的填色都设定为C25、M50、Y100、K0，无描边。把这三个对象编组，再围绕圆心进行45° 的旋转复制（[Alt]键配合鼠标设定车轮参考线的圆心为旋转参考点）复制出一组后，用[Ctrl+D]重复旋转复制，共生成八组对象组成光芒效果。把八组对象进行编组。见图2-34。

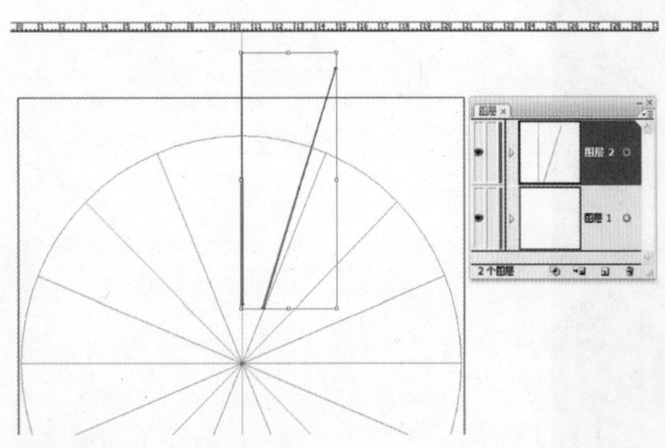

▲ 图2-31

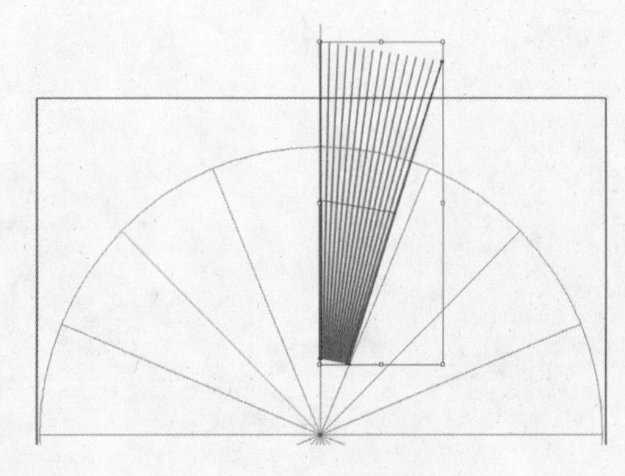

▲ 图2-32

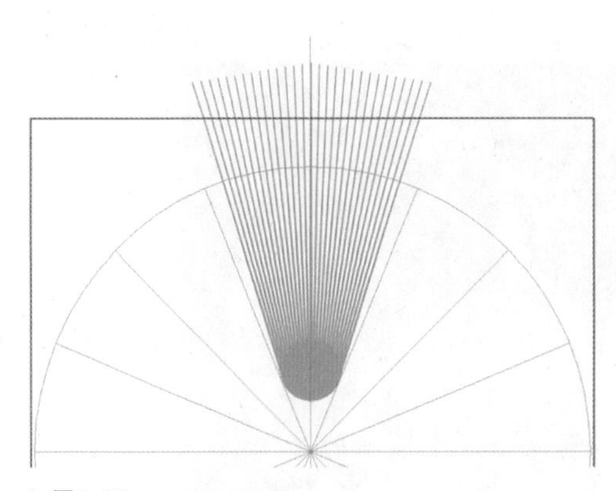

▲ 图2-33

▲ 图2-34

步骤五 以十字参考线中心为圆心，画一个比光芒对象小一些的大正圆形（图2-35），填充径向的灰度渐变（可在“色板”中选现成的灰度径向渐变）。选中大圆形和它后面的光芒对象，点击出“透明度”面板菜单，查看“新建不透明蒙版为剪切蒙版”是否被勾选，如果没有就点选它（图2-36），再执行“透明度”面板菜单中的“建立不透明蒙版”（图2-37），使光芒对象产生颜色淡出的效果（图2-38）。

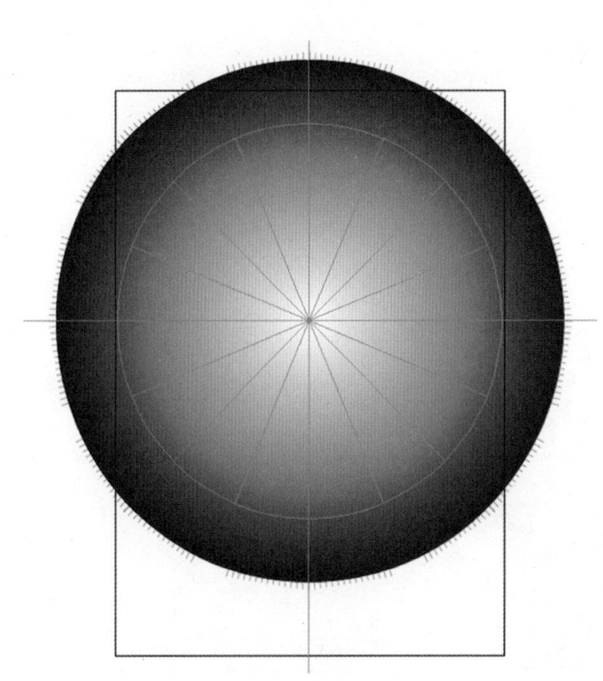

▲ 图2-35

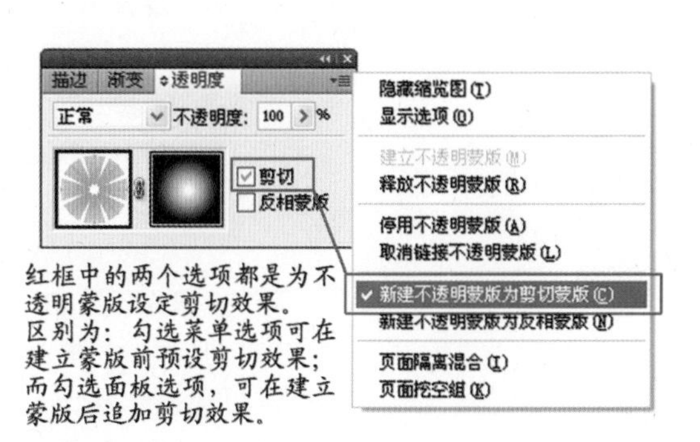

▲ 图2-36

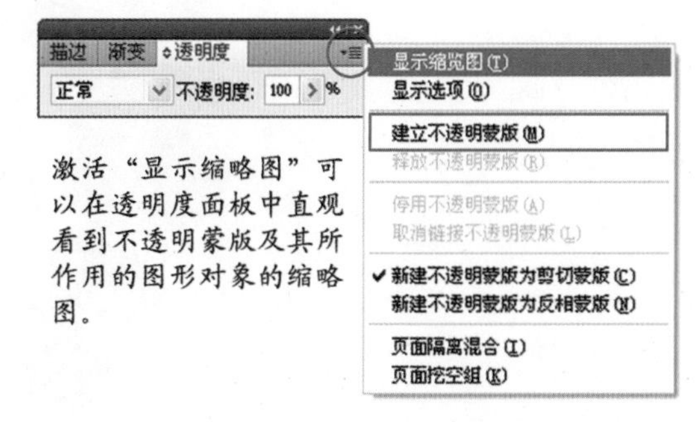

▲ 图2-37

▲ 图2-38

步骤六 绘制樱花图形，方法可参见“第一单元1.4.1五瓣花”，花的颜色可以设定为C20、M100、Y100、K0。见图2-39。

步骤七 录入以下文字：

“PROGRESS AND HARMONY FOR MANKIND”（为了人类的进步与和谐）

“EXPO’70”（70年世博会）

“JAPAN WORLD EXPOSITION，OSAKA，MARCH SEPTEMBER”（日本世界博览会，大阪，三月至九月）。一定注意这一组文字与其上面的“EXP”三个字母的左右对齐关系，这种细节正是版式设计素养的体现之处。通过文本编辑面板（激活热键[Ctrl+T]）调整行距、字距（图2-40）。

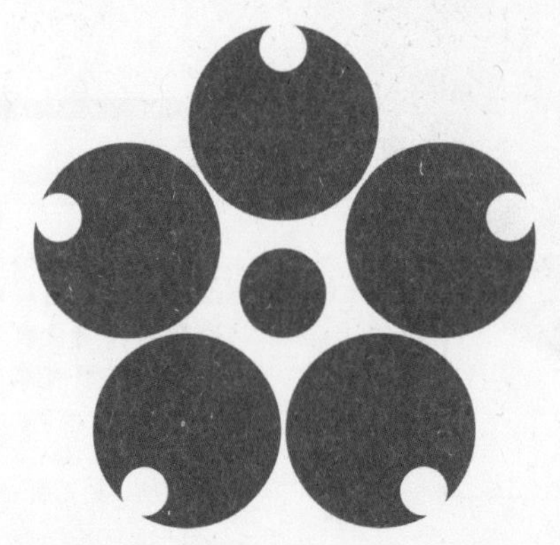

▲ 图2-39

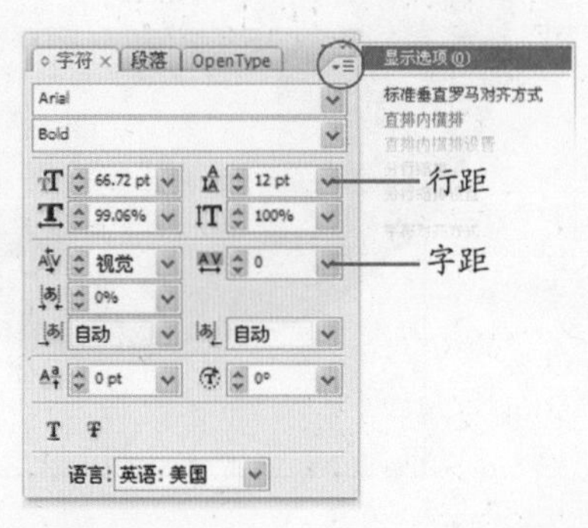

▲ 图2-40

步骤八 因为步骤五制作的光芒是溢出画板范围的，所以最后一步要对整个A4画板施加剪切蒙版。画一个等画面大小的矩形，“矩形工具”的光标对准画板左上角单击鼠标，在弹出的对话框设定宽21cm，高29.7cm，“确定”即可。全选所有对象，创建剪切蒙版。

生成蒙版前的图层面板状态可以参看图2-41。

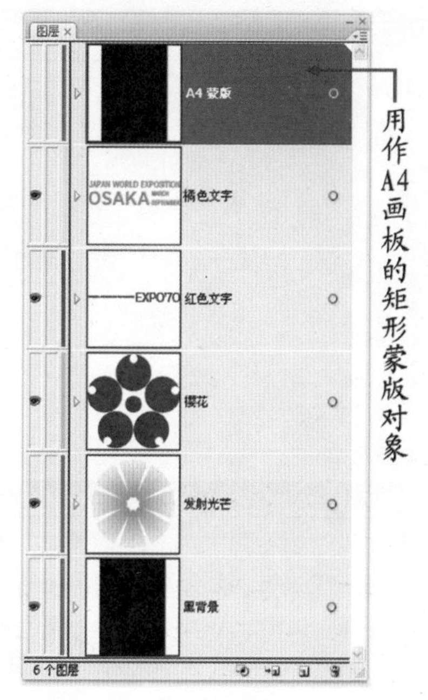

▲ 图2-41

2.5 书籍封面设计——《平面构成》

案例说明

图2-42是一幅优秀的学生作业，设计方案体现了设计者扎实的专业设计基础和良好的设计素养。

平面构成作为一门设计基础课，是专门训练培养学生二维平面图形的逻辑构成能力的。为引导学生全部的创造力只倾注于图形的设计与组合关系上，平面构成只要求用黑、白两色来完成所有的作业训练。所以，这本教材的封面，设计者采用黑与白为主色相，封面是以三角为单位图形的“重复构成”作品，封底则是以长条尺为单位图形的“特异构成”作品。纯度稳重的红色作为总面积最小的颜色在封面整体中起到丰富色相对比、调节黑与白之间强硬明度对比关系的作用，封底大体量的“平面”二字与封面的书名相呼应，并且在视觉感受上，“面”字的横笔画水平延展到封面，又与编著者文字下的红色矩形条形成潜在的连接。封面与书脊上书名“平面构成”的字体与颜色的相同设定也形成呼应关系，版面中唯一的灰色字“面”，也是方案的设计亮点。

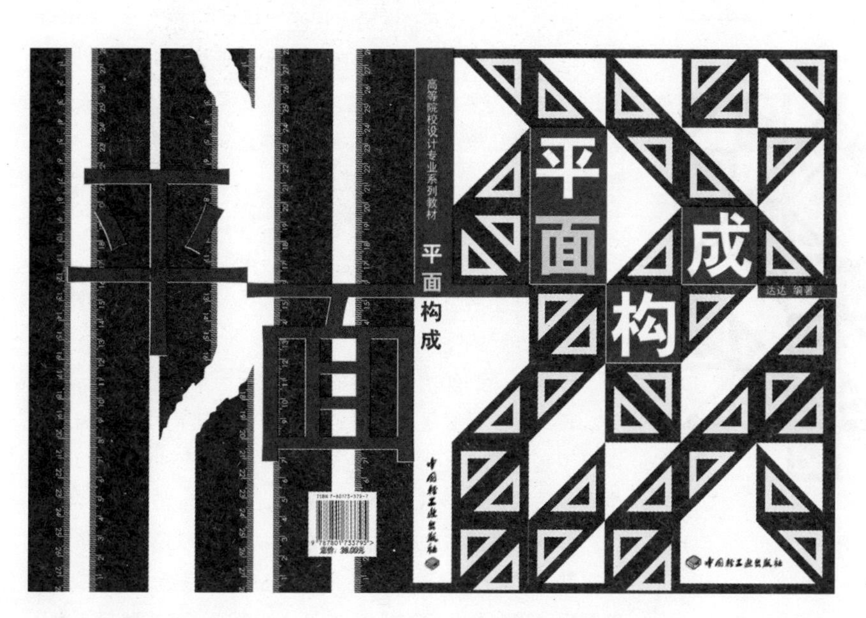

◀ 图2-42 焦阳设计 北京市西城经济科学大学

制作引导

步骤一 这本教材的开本要求是16开，成品尺寸为277mm×202mm，也就是封面的宽度为202mm，高度为277mm。做展开的整体封面设计就得把封底和书脊的尺寸加上，这本书的书脊厚度是20mm，我们新建画板的尺寸就要设定宽度为424mm（202×2+20），高度尺寸不变。

打开标尺并激活“智能参考线”，在生成以下几根参考线之前，我们尝试重新设定标尺的0起点。方法是：光标对准两条标尺的交汇处（在软件窗口内左上

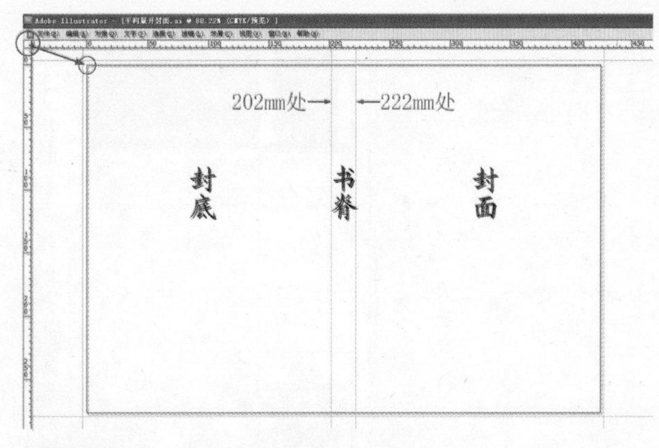

▲ 图2-43

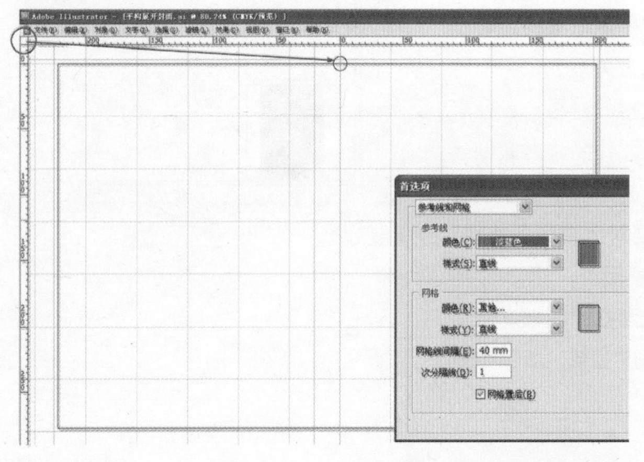

▲ 图2-44

▲ 图2-45

角），按住鼠标拖动至画板的左上方边界点（图2-43），智能参考线提示已经对准了边界点时，释放鼠标。此时，横、竖两根标尺的0起点都被设定在画板左上方边界点。按热键[Ctrl+加号]，放大画面，每按一次，标尺的刻度显示就变化一次，直到横标尺能清晰地显示出202mm时，生成第一根竖参考线对准在202mm的位置，第二根竖参考线生成在222mm处。两根参考线之间的区域正是书脊位置，而两根参考线的两旁分别是封面和封底的区域。

另外的两横两竖共四根参考线分别安置在画板边界外3mm的位置。所有纸质印刷品都需要在成品尺寸的基础上外溢出3mm的面积，是为印后裁切预留出一个安全的边界量，称为“出血”（设计印刷行业对印刷品被裁切的生动比喻）。

步骤二 绘制用于封面的以三角为单位图形的重复构成。为提高绘图的效率及精确度，需要网格的帮助，执行“编辑”菜单/首选项/参考线与网格，在对话框中，设定网格线间隔为40mm、次分隔线为1，通过“视图”菜单激活“显示网格”。你会发现网格的起始是依据标尺0起点的，所以现在需要把标尺的0起点设置在如图2-44中小红圈所示的封面边界的左上角，如此改变了0起点后，几乎完整的5×7的网格坐标就适配在封面的范围内。

单位图形——三角形，只需绘制出一个，其他的通过移动复制、旋转即可。激活“视图”菜单/对齐网格，用钢笔在一个单位网格中绘制黑色三角形后，再关闭“对齐网格”。通过“对象”菜单/路径/位移路径（位移：-5mm）来生成等比例的小三角形，为它设定白色描边及描边粗细后，把它和黑三角编组，单位图形就做好了。接下来需要再次借助“对齐网格”来快速准确地移动、复制出其他三角形，每个三角形在复制后可随时旋转。见图2-45。

给这一图层重命名为“三角构成”，在进行下一步骤前，关闭“对齐网格”。

步骤三 制作用于封底的以长条尺为单位图形的特异构成。长条尺的刻度是用“线条工具”按真实尺寸绘制的，一条尺子是由黑色矩形、白色刻度与数字三个对象编组而成。中间的残破尺子分成两个图层来做，在图2-46、图2-47中可以看到，图层“残破的尺子 右”中有两个对象，一条完整尺子和一个白色残破矩形，两者叠加形成残断尺子的效果。而图层“残破的尺子 左”中有三个对象，一条完整尺子上压盖着两个白色的不规则图形，且这个图层要在“透明度”面板中设定混合模式为“正片叠底”。图层“残破的尺子 右”与“残破的尺子 左”共同形成了尺子残断并分离的效果。

步骤四 绘制展开封面中的红色区域。“平面”两字字体为黑体，记得要创建轮廓。见图2-48。

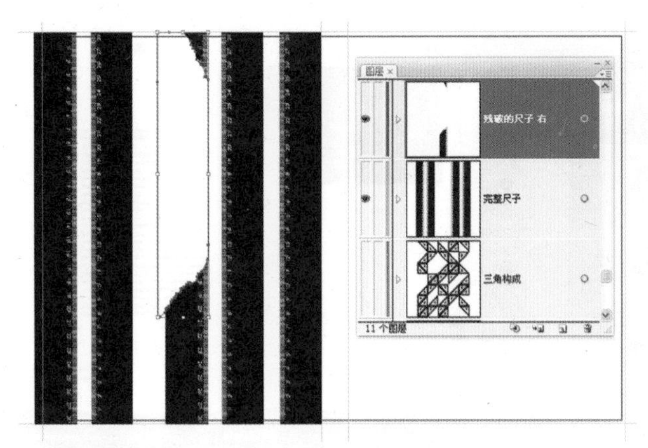

▲ 图2-46

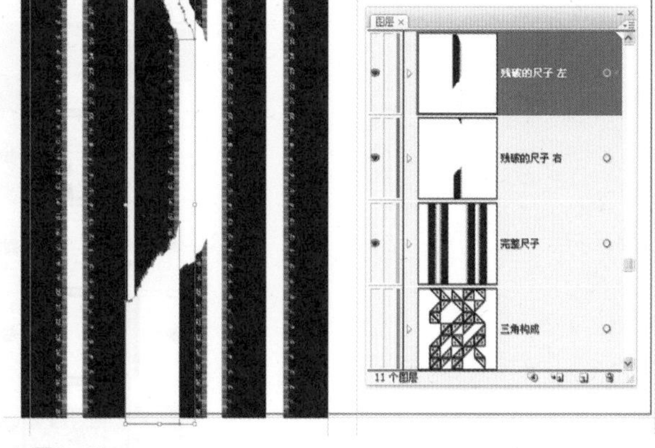

▲ 图2-47

▲ 图2-48

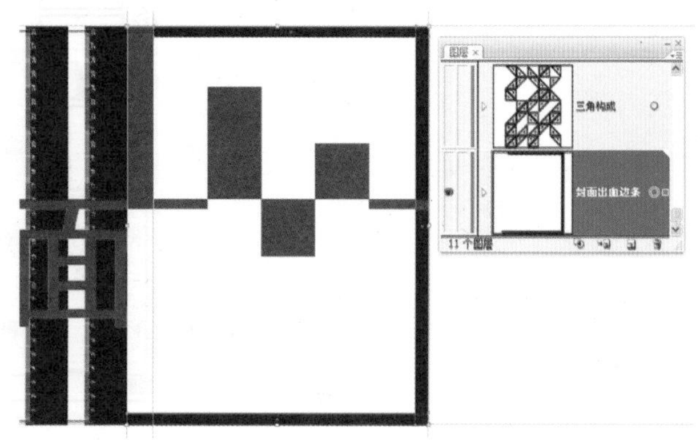

▲ 图2-49

步骤五　新建图层并安置在图层“三角构成”之下，在这个图层中依据参考线，为封面的出血绘制三个溢出画板边界3mm的长条矩形，三个矩形条分别安置在封面的上切口、侧切口、下切口。见图2-49。

步骤六　书名（封面和书脊都有）、编著者、出版社、系列教材文字信息、条形码和标价，在制作过程中，这些文字和图标的图层分配仅以图2-50作为参考。图层的合理使用可以使我们条理清晰地管理与编辑对象。残破尺子的两个图层还可以整合在一个图层中，方法是按住[Ctrl]键在“图层”面板中加选住这两个图层后，执行“图层”面板菜单中的“收集到新图层中”（图2-51）。

步骤七　展开的封面内容全部制作完成后，要为印前出片而进行最终的图层整合。这本教材可以采用四色（CMYK）印刷，四色片子通过发排机可自动分色，所以，执行“图层”面板菜单中的“拼合图稿”，把所有图层合并在一起。执行“对象”菜单/裁剪区域/建立，为文档建立裁剪标记。最后存储文件。

◆标尺的复位：标尺0起点经调整后可以随时复位，只需用鼠标对在窗口内左上角的横竖标尺交汇处连续双击，即可恢复标尺0起点的原始设定。

▲ 图2-56

的设计环节之一。

参考线设定完后，存储文档为“2、3、4页.ai”。

步骤二 制作第2页、第3页的分栏文本。本书教学资源并不提供该案例的文本内容，大家可以自行录入或者寻找一些段落文本复制粘贴过来，因为我们的教学目的是讲授软件，所以在这里文本只作为版面元素起到相应作用即可。

首先要生成文本框，为准确捕捉参考线，激活“智能参考线”。用“文本工具”的光标对准图2-56中数字1所标注的那条竖参考线的位置，按住鼠标往右下方拖动，在数字2所标注的横竖参考线交叉的位置释放鼠标，第一个分栏区的文本框产生了，文本框内左上角的插入光标在闪动，现在可以录入文字或者粘贴文本了。如果一次录入或者粘贴的文本大于这个文本框所能容纳的数量，就会在文本框右下方出现文本溢出的红十字小方块，换“黑箭头”工具单击这个红十字小方块，光标会变成一个小黑箭头带着几根横虚线的状态，说明它做好了换个地方显现溢出文本的准备了，接下来把光标对准数字3所标注的横竖参考线交叉的位置按住鼠标，往右下方拖动，在数字4所标注的参考线交叉的位置释放鼠标，第二个分栏区的文本框产生的同时，第一个文本框溢出的文字也转移出现在这里。

◆文本框就像图形对象的定界框一样，四周有8个编辑点，可以通过调整8个编辑点来改变文本框的大小，当有文本溢出时，可以把文本框调大来显示溢出的文本，但是在这个册页案例中并没有这么做，是因为有分栏及页边距的统一设定。

第2页、第3页文本框内的文本要在“段落”面板中选择两端对齐，英文段落还可以通过标点挤压集的设定来取得整齐的对齐效果。见图2-57。

步骤三 制作编辑出第4页的文本，并绘制出三个页面下的弧线图形、安置好插图以及品牌logo和标准字。注意需要出血的图形图片在文档边界要溢出不少于3mm。见图2-58。

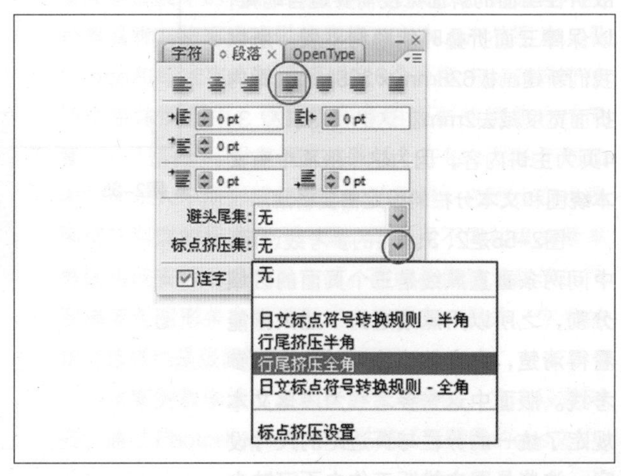

▲ 图2-57

步骤四 制作第4页的文本绕图。选中蓝色矩形和文本对象（图2-58），执行"对象"菜单/文本绕排/文本绕排选项，设定文与图的绕排间距后，执行"对象"菜单/文本绕排/建立。见图2-59。

在Photoshop中打开本书教学资源中的"教学案例与素材\第二单元 设计应用\2.6 飞利浦宣传册页\人形剪影.tif"。在Photoshop"通道"面板中，用光标按住通道"Alpha 1"拖放到面板下方"载入通道选区"按钮上释放鼠标，人形选区出现（图2-60）。

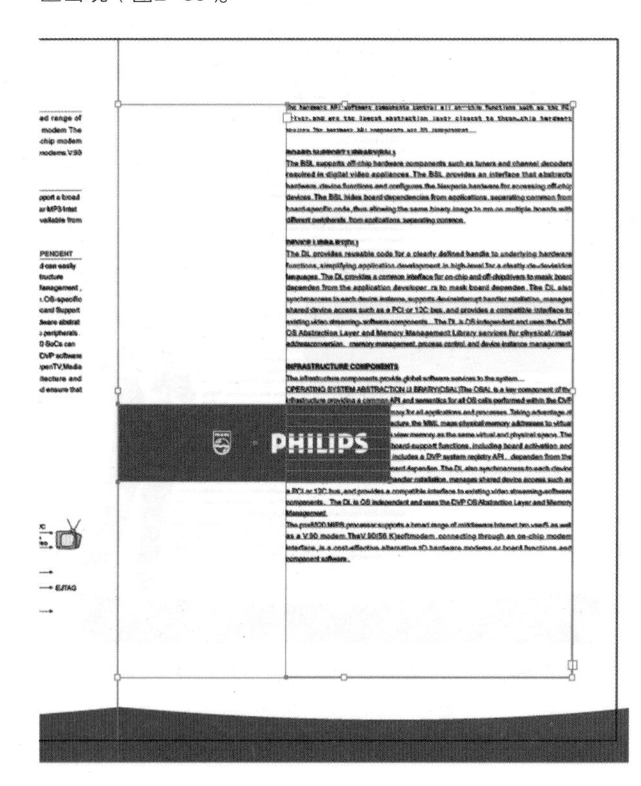

◀ 图2-58

▲ 图2-59

▼ 图2-60

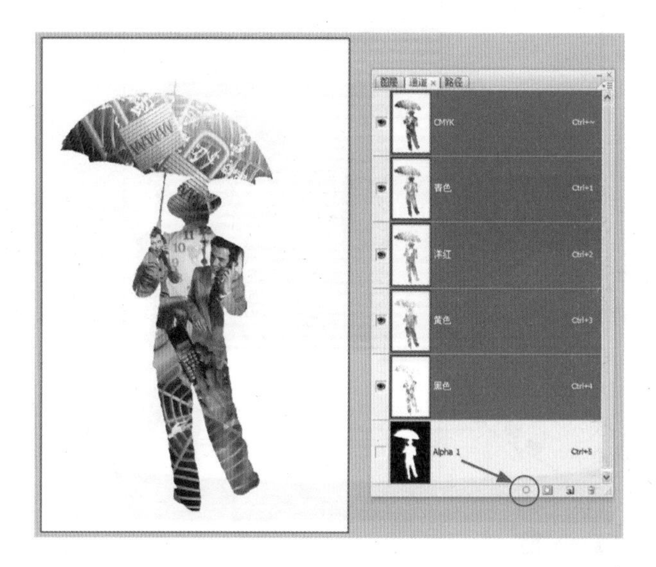

切换到"路径"面板，点击"选区转换路径"按钮，会生成"工作路径"，再用鼠标双击路径缩略图旁"工作路径"几个字（图2-61），在弹出的存储路径的对话框中按"确定"。

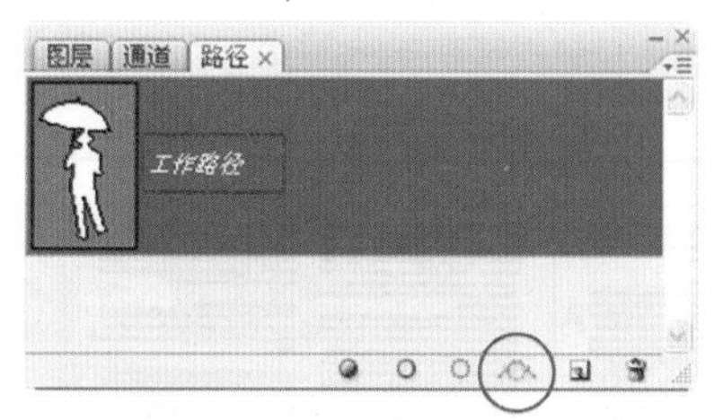

▲ 图2-61

执行"路径"面板菜单中的"剪贴路径"（图2-62），弹出对话框后直接"确定"，之后执行[Ctrl+Shift+S]，把文档存储为"人形剪影.eps"（ Photoshop eps格式），在存储过程中弹出的对话框中无需进行选项的设定与改变，直接"确定"即可。

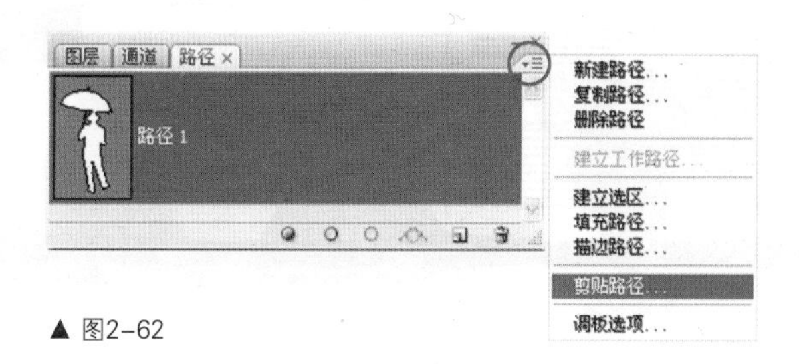

▲ 图2-62

▲ 图2-71

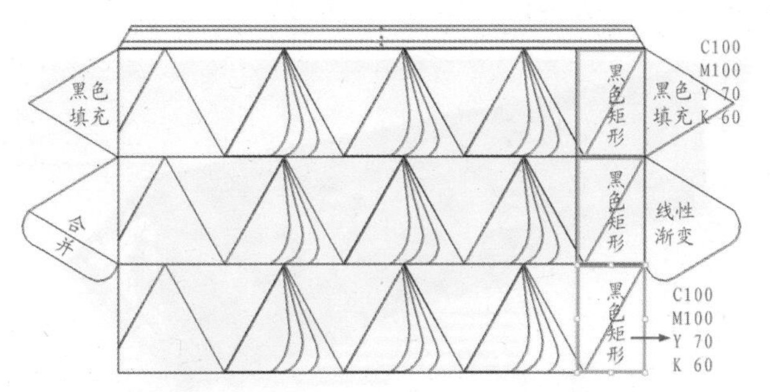

▲ 图2-72

▲ 图2-73

▲ 图2-74

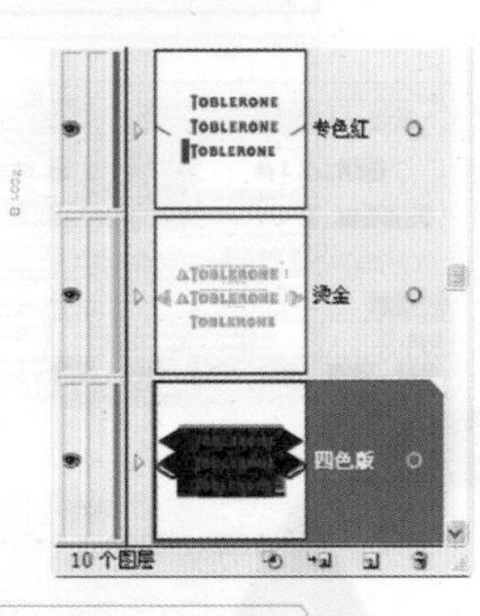

▲ 图2-75
▶ 图2-76
▼ 图2-77

以上两个三角形的具体制作效果可参见本书教学资源的"教学案例与素材\第二单元 设计应用\2.7 瑞士三角巧克力\三角的颜色混合与渐变.ai"。

一正一倒两个三角形排列对接后再进行平行移动复制，可用放大镜局部放大并配合轮廓视图（[Ctrl+Y]）来检查是否对齐了。第一排三角的左端一正一倒两个三角形都要减去一部分（注意：这两个三角形都是线性渐变），在右端最后一个倒三角的底层放一个黑色（C100、M100、Y70、K60）矩形即可。在图2-71中能看清左右两端的处理效果。

制作出第一个矩形面的所有对象后，编组它们，再垂直移动复制到另外两个面，可借助智能参考线进行对齐。

两侧的三角折面，先做出一侧的，编组后用镜像工具复制出另一侧即可。第一行的三角形填充黑色（C100、M100、Y70、K60），第二行的三角形连接着半个圆角矩形，要把它们合二为一后再填充渐变色，颜色设定同之前的线性渐变。见图2-72。

把这个图层重命名为"四色版"后，在"图层"面板中移至"模切线"图层的下方。模切线会把第三个矩形面下方边界切除3mm，虽然它不与第一个、第二个矩形面等宽度，但包装盒一经立体折叠后，第三个矩形面即与梯形折面粘合，梯形折面下边界的黑色边条与第三个矩形面重叠对接后，正好弥补了它缺少的3mm。见图2-73。

步骤三 新建图层，打开本书教学资源的"教学案例与素材\第二单元 设计应用\2.7 瑞士三角巧克力"，找到"三角巧克力标准字及标志.ai"。按图2-74把山峰标志及品牌标准字TOBLERONE在第一个矩形面上排列好后，再移动复制到第二个、第三个矩形折面上。注意，第三个矩形面的标志和标准字要适当缩小，为条码预留出位置。两侧三角折面的山峰标志不能用镜像复制，因为标志图形要保持原样。

步骤四 品牌标准字TOBLERONE是由红、黄、蓝三个对象叠加组成（图2-75），其中红需要专色印刷，黄需要烫金印刷，所以在图层面板中要把它们分开来存放。从图层"四色版"中选中黄颜色的所有对象移动到一个新建图层中，为该图层命名为"烫金"，把红颜色的所有对象移动到一个新建图层中，为该图层命名为"专色红"（图2-76）。

步骤五 制作第三个矩形面上的产品成分说明的详细文字及表格。特别声明：关于第三个矩形面上的详细文字及表格，在"瑞士三角巧克力包装.ai"中并没有严格依据该产品包装盒上的内容，因为我们只是在制作软件学习的教学案例，所以这些文字内容作为版面素材只是示意而已。第三个矩形面上的所有的细小文字都是专色金油墨（并非"烫金"）印刷的，所以要单独做在一个图层上，命名为"专色金"。

步骤六 三角巧克力包装的三个矩形面上的三行品牌标准字TOBLERONE有凸起的边缘，而两个山峰标志是整体

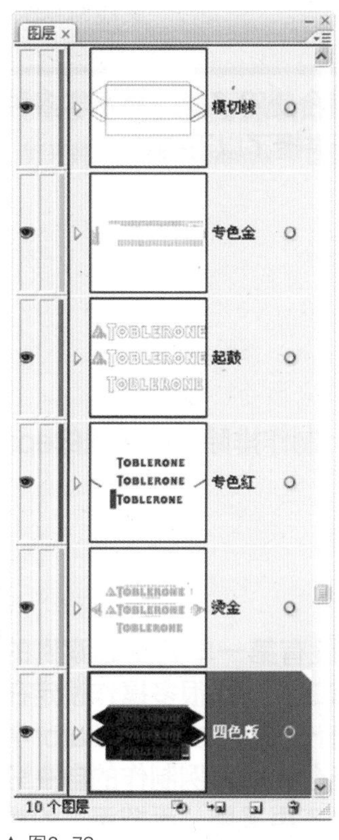

▲ 图2-78

▲ 图2-79

凸起的，这种印刷后通过特别定制的模具压制出来的凸起效果，专业术语称为“起鼓”。起鼓的区域也需要做出相应的图形，印刷厂正是依据此图形来制作起鼓模具。图2-77中黄色的山峰标志和TOBLERONE空心字是该包装的起鼓区，制作方法是新建一个图层，把图层“烫金”和图层“专色红”中的文字对象TOBLERONE移动复制到新图层中，通过“路径查找器”把红、黄两个文字对象相减并扩展，再把两个山峰标志复制到这个新图层中，重命名这个图层为“起鼓”（图2-78）。

图2-78的图层状态可以作为绘制该包装稿的参考。

步骤七 为三角折面制作出血区域。在图层“四色版”中选择线性渐变填充的三角折面，执行位移路径，位移参数3mm。位移后可以把原来的三角折面对象删除，而在四色版中保留位移后的三角对象，并把它排列至底层。另一侧的三角折面也这样操作处理。见图2-79。

步骤八 这一步为三角巧克力包装整体制作出血。复制图层“模切线”，在生成的图层“模切线_复制”中，选择模切线对象，如果有编组就先取消编组，再合并所有对象。执行“对象”菜单/路径/位移路径（位移3mm），删除位移之前的对象，把位移出来的对象填充黑色（C100、M100、Y70、K60）后，在“图层”面板中把它移至“四色版”图层中，并排列至底层。见图2-80。

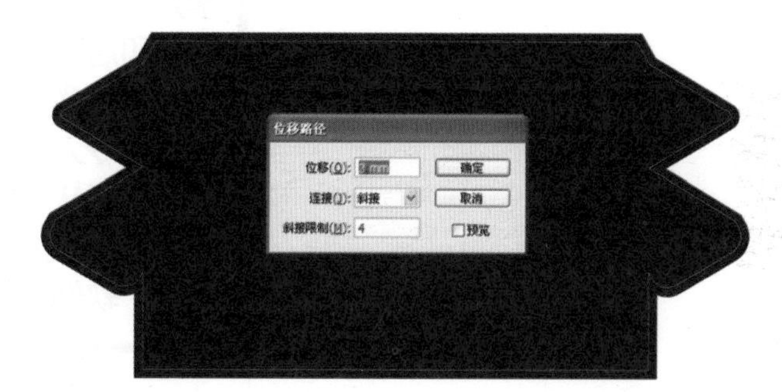

▲ 图2-80

步骤九 生成角线，可以用线段工具绘制。四个边角共四对（八根角线），加上两根矩形折面的角线，一共十根。角线在套色印刷中起到对齐色板的重要作用，这个包装共有七个色版——四色版（CMYK四个颜色）、烫金、专色红、专色金，一共要出七张用于印刷制版的色片。另外还需要出两张片子：一个是起鼓版，用于制作凸起压印的模具；另一个是模切线版，用于制作闷切模具。所以，最终总共要出九张片子。除了四色版之外，其他每张片子都是以K值100的黑色进行出片的。关于专色版，简单地说就是除CMYK四色版之外的需要专门调配油墨印刷的色板，相关知识建议大家自行查找、深入了解。

图2-81是最终图稿的样子，其中模切线的颜色设为白色是为了让大家看得清楚。

▲ 图2-81

附录：Illustrator常用热键

移动工具：V
选取工具：A
钢笔工具：P
添加锚点工具：+
删除锚点工具：–
文字工具：T
多边形工具：L
矩形、圆角矩形工具：M
画笔工具：B
铅笔、圆滑、抹除工具：N
旋转、转动工具：R
缩放、拉伸工具：S
镜向、倾斜工具：O
自由变形工具：E
混合、自动描边工具：W
图表工具：J
渐变网点工具：U
渐变填色工具：G
颜色取样器：I
油漆桶工具：K
剪刀、裁刀工具：C
视图平移、页面、标尺工具：H
放大镜工具：Z
默认填充色和描边色：D
切换填充和描边：X
屏幕切换：F
切换为颜色填充：<
切换为渐变填充：>
切换为无填充：/
临时使用抓手工具：空格
新建文件：Ctrl＋N
打开文件：Ctrl＋O
文件存盘：Ctrl＋S
另存为：Ctrl＋Alt＋S
关闭文件：Ctrl＋W
打印文件：Ctrl＋P
退出Illustrator：Ctrl＋Q
恢复到上一步：Ctrl＋Z
粘贴：Ctrl＋V 或 F4
粘贴到前面：Ctrl＋F
粘贴到后面：Ctrl＋B
再次转换：Ctrl＋D

置到最前：Ctrl＋Shift＋]
置前：Ctrl＋]
置到最后：Ctrl＋Shift＋[
置后：Ctrl＋[
群组：Ctrl＋G
取消群组：Ctrl＋Shift＋G
锁定：Ctrl＋2
锁定未选择的物体：Ctrl＋Alt＋Shift＋2
全部解锁：Ctrl＋Alt＋2
隐藏所选物体：Ctrl＋3
隐藏未被选择的物体：Ctrl＋Alt＋Shift＋3
显示所有已隐藏的物体：Ctrl＋Alt＋3
连接断开的路径：Ctrl＋J
对齐路径点：Ctrl＋Alt＋J
调和两个物体：Ctrl＋Alt＋B
取消调和：Ctrl＋Alt＋Shift＋B
新建图像遮罩：Ctrl＋7
取消图像遮罩：Ctrl＋Alt＋7
联合路径：Ctrl＋8
取消联合：Ctrl＋Alt＋8
再次应用最后一次使用的滤镜：Ctrl＋E
应用最后使用的滤镜并保留原参数：Ctrl＋Alt＋E
文字左对齐或顶对齐：Ctrl＋Shift＋L
文字右对齐或底对齐：Ctrl＋Shift＋R
文字居中对齐：Ctrl＋Shift＋C
文字分散对齐：Ctrl＋Shift＋J
将字距设置为0：Ctrl＋Shift＋Q
将字体宽高比还原为1比1：Ctrl＋Shift＋X
将所选文本的文字减小2像素：Ctrl＋Shift＋<
将所选文本的文字增大2像素：Ctrl＋Shift＋>
将所选文本的文字减小10像素：Ctrl＋Alt＋Shift＋<
将所选文本的文字增大10像素：Ctrl＋Alt＋Shift＋>
将行距减小2像素：Alt＋↓
将行距增大2像素：Alt＋↑
将字距微调或字距调整减小20/1000ems：Alt＋←
将字距微调或字距调整增加20/1000ems：Alt＋→
将字距微调或字距调整减小100/1000ems：Ctrl＋Alt＋←
将字距微调或字距调整增加100/1000ems：Ctrl＋Alt＋→
将图像显示为边框模式（切换）：Ctrl＋Y
对所选对象生成预览（在边框模式中）：Ctrl＋Shift＋Y
放大到页面大小：Ctrl＋0
实际像素显示：Ctrl＋1

显示/隐藏路径的控制点：Ctrl＋H
隐藏模板：Ctrl＋Shift＋W
显示/隐藏标尺：Ctrl＋R
显示/隐藏参考线：Ctrl＋；
锁定/解锁参考线：Ctrl＋Alt＋；
将所选对象变成参考线：Ctrl＋5
将变成参考线的物体还原：Ctrl＋Alt＋5
贴紧参考线：Ctrl＋Shift＋；
显示/隐藏网格：Ctrl＋”
贴紧网格：Ctrl＋Shift＋”
捕捉到点：Ctrl＋Alt＋”
应用敏捷参照：Ctrl＋U
显示/隐藏“字体”面板：Ctrl＋T
显示/隐藏“段落”面板：Ctrl＋M
显示/隐藏“制表”面板：Ctrl＋Shift＋T
显示/隐藏“画笔”面板：F5
显示/隐藏“颜色”面板：F6
显示/隐藏“图层”面板：F7
显示/隐藏“信息”面板：F8
显示/隐藏“渐变”面板：F9
显示/隐藏“描边”面板：F10
显示/隐藏“属性”面板：F11
显示/隐藏所有命令面板：TAB
显示或隐藏工具箱以外的所有调板：Shift＋TAB
选择最后一次使用过的面板：Ctrl＋~
智能辅助线：Ctrl＋U

后　　记

首先，感谢在庞大的图形图像软件教材市场中选择了本书的读者。在时间比较紧迫的状态中，本人完成了这本教材的结构设定与编写，于教学讲述上的语言表达、于案例的设计选择与制作上所存在的缺憾，希望得到您的包容谅解。如果本教材能成为您深入学习Illustrator的铺路砖石，将是我编写这本教材能得到的最大回馈。

再有要特别感谢我的同事柴兴祝、好友许炜，在教学案例的设计与制作、案例素材的收集提供上给予了本人真诚、切实的帮助。最后致谢这套教材的主编蓝先琳老师，多年以来蓝老师对年轻教师无私的提携与帮助从未停止过，在为人师的道路上，她一直是个楷模，而且为这套教材出版付出了大量心劳，我作为这套教材编写者中的一员，在这里对她表示敬意、谢意。

编者